WECKE DEN MACHER IN DIR!

# WECKE DEN MACHER IN DIR!

## WIE DU DICH VON NICHTS UND NIEMANDEM MEHR AUFHALTEN LÄSST

KATJA PORSCH

MIDAS VERLAG

**Wecke den Macher in dir!**
Wie du dich von nichts und niemandem mehr aufhalten lässt


ISBN 978-3-03876-551-6

Lektorat und Korrektorat: Dr. Friederike Römhild, Berlin
Layout und Typografie: Ulrich Borstelmann, Dortmund
Cover: Agentur 21, Zürich



Midas Management Verlag AG, Dunantstrasse 3, CH 8044 Zürich
kontakt@midas.ch, www.midas.ch, socialmedia: follow »midasverlag«

# INHALT

# VORWORT

LEBE!

Das ist es, was ich jedem einzelnen Menschen auf dieser Welt wünsche. So einfach sich das anhört, so kompliziert ist es oft in der Umsetzung. Denn mit LEBEN meine ich nicht: ÜBERLEBEN.

Wie viele Menschen stehen morgens auf, um zur Arbeit zu gehen. Zu einer Arbeit, die sie nur aus einem Grund machen: Weil sie glauben, es zu müssen. Sie müssen ihre Miete bezahlen, müssen ihre Familie ernähren, ihren Verpflichtungen nachkommen und vieles mehr. Ist das LEBEN?

Wie viele Menschen wachen morgens auf und sehen sich in einer Beziehung, aus der sie schon lange ausbrechen wollen. Aber sie machen es nicht. Zu groß ist die Angst, dann allein zu sein. Ist das LEBEN?

Wie viele Menschen träumen ein Leben lang davon, neu anzufangen, endlich ihren Sinn im Leben zu finden. Wenn ihre Vernunft und ihre Mitmenschen ihnen dann erklärt haben, wie unsinnig ihr Ansinnen ist, begraben sie ihren Traum. Ist das LEBEN?

Bedeutet LEBEN wirklich, zu funktionieren? Das zu machen, was andere erwarten? Zuverlässig und beständig Dinge auszuführen und mit dem zufrieden zu sein, was man hat?

Genau das bedeutete LEBEN jahrelang für mich. Denn so bin erzogen worden. Bis ich merkte: Ich lebe gar nicht. Ich bin da und funktioniere. Jahrelang dachte ich, das Leben ist so, wie es ist. Bis ich verstand: Das Leben ist das, was ich aus ihm MACHE.

Egal, wo ich unterwegs bin, ob in Deutschland, der Schweiz, den USA, Südafrika, Österreich oder sonst wo in unserer wunderbaren

Welt – die meisten Menschen wünschen sich das gleiche: Sie wollen glücklich sein. Sie wollen anerkannt werden. Sie wollen gesehen werden und das Gefühl haben, gut zu sein – und zwar so, wie sie sind.

Sie wollen ihre Ziele erreichen und ihnen nicht ständig nachlaufen. Sie wollen einen Job, der ihnen Spaß macht und der sie erfüllt. Sie wollen eine Beziehung, die sie glücklich macht. Kurzum: Sie wollen leben und nicht gelebt werden!

Wir lernen so viel in der Schule, in der Ausbildung, auf der Universität. Wir lernen, Wissen zu konsumieren, aber wir lernen nicht, das Beste aus uns und unserem Wissen zu machen. Wir lernen, dass es immer jemanden gibt, der uns sagt, was wir zu tun haben und vergessen, in uns selbst nach der Antwort zu suchen. Wir lernen, dass wir alle gleich sind und uns anpassen müssen. Wir vergessen, dass es gerade das »Anderssein« ist, dass uns einzigartig macht. Wir lernen, dass Fleiß und Anpassung der Schlüssel für ein erfolgreiches Leben sind, und wir sind frustriert, wenn wir hart arbeiten und es grade mal für das Reihenhäuschen auf Kredit oder die Wohnung in der Stadt reicht.

Dabei haben wir jeden Tag die Chance, unser Leben zu verändern. Wir haben alles, was wir dafür brauchen, in uns. Doch wir wissen nicht damit umzugehen, weil wir von Kindesbeinen an auf ÜBERLEBEN programmiert sind. Wir wissen nicht, wie wir unser mitgegebenes Potential nutzen können. Oft wissen wir noch nicht mal, was alles in uns steckt. Wir wissen nicht, wie wir den wichtigsten Muskel, unser Mindset, trainieren und wie wir es schaffen, das Beste aus uns und aus jedem Umstand zu machen, egal wie frustrierend es sich auch in dem Moment anfühlen mag. Oft denken wir, wir können nichts machen und fühlen uns einfach ausgeliefert. Wir orientieren uns an den anderen, die ebenso unzufrieden sind und wissen nicht, dass es keinen Sinn macht, das zu machen, was alle machen. Denn dann werden wir nur das bekommen, was alle haben.

Wenn wir einmal verstanden haben, dass wir der Macher unseres Lebens sind, dass wir all das Potenzial und Know-how, das wir für ein glückliches, erfülltes Leben brauchen, in uns tragen, wenn wir anfangen, die Verantwortung zu übernehmen und aufhören, ständig darauf zu warten, dass uns jemand an die Hand nimmt und den Weg weist, dann können wir aus unserem Leben das machen, was es ist: das großartigste Geschenk, das es gibt. Dann werden Freiheit, Glück, Vollkommenheit, Seelenfrieden und Erfüllung plötzlich keine leeren Worthülsen mehr sein, sondern greifbare Realität. Dann sind wir da angekommen, wo wir ankommen wollen: im LEBEN.

Und genau in dieses LEBEN möchte ich dich mit diesem Buch begleiten. Ich möchte dich an die Hand nehmen und dir zeigen, wie du all die Fehler vermeidest, die ich machen musste, um endlich zu begreifen, was das wirkliche Geheimnis von Erfolg ist: keines!

Erfolg ist kein Glück, kein Zufall, kein Geburtsrecht und hat nichts mit unserem Talent und unserem Intelligenzquotienten zu tun. Erfolg ist das Ergebnis von Machen! Und zwar die richtigen Dinge zur richtigen Zeit. Und das kannst du lernen. Du kannst dein Macher-Gen in dir wecken und anfangen, dein Leben so zu leben, wie du es wirklich willst und wie du es verdient hast.

Hast du Lust?

## Macher – was ist das eigentlich?

Macher sind Menschen, die ihr Schicksal und ihren Lebenserfolg nicht dem Zufall überlassen.

**Macher sind davon überzeugt,**

- ➔ dass Erfolg kein Geburtsrecht ist und keine Frage von Glück und Talent,
- ➔ dass es keinen Sinn macht, auf Erfolg zu warten, denn man muss ihn sich holen,
- ➔ dass jeder alles in sich trägt, um erfolgreich zu sein,
- ➔ dass jeder das Recht auf Erfolg hat,
- ➔ dass es nie zu spät ist, seinem Leben eine andere Richtung zu geben.

Macher sind bereit, alte Erfahrungen loszulassen und sich immer wieder neu zu erfinden. Sie halten nicht stur an Dingen fest, sondern sind bereit für Veränderungen. Macher sehen nicht in jedem das Problem, sie suchen die Lösung. Sie konzentrieren sich nicht auf die Hindernisse, sondern sie erkennen die Chancen.

**Macher sind:**

**M**utig
**A**nders
**C**harismatisch
**H**ungrig
**E**rgebnisorientiert
**R**isikobereit
Kurz: Sie sind MACHER!

Kapitel 1

# WARUM?

Ich habe zwölf Jahre lang Verkäufer und Vertriebsmitarbeiter ausgebildet. In meinen Seminaren, Coachings und Vorträgen habe ich tausende Menschen begleitet und dabei immer wieder erlebt, wie viele Menschen in ein neues Business, ihre neue Stelle, ihre Selbstständigkeit, ihr neues Leben hochmotiviert aufgebrochen sind und nach einiger Zeit frustriert das Handtuch geworfen haben. Sie haben alles versucht, haben gearbeitet und gekämpft, aber es hat einfach nicht funktioniert. Anstatt an ihren Träumen und Zielen festzuhalten, haben sie sie begraben oder weiter in die Zukunft verschoben.

Doch es gab auch andere Beispiele. Diejenigen, die aufgebrochen und auch angekommen sind. Die all das erreicht haben, wovon andere nur geträumt haben. Warum? Wie kommt das? Warum funktioniert Erfolg bei dem einen und bei dem anderen nicht? Warum verkaufen die einen anscheinend mühelos, sind sehr gut positioniert und erfolgreich, und andere rennen noch dem kleinsten Umsatz hinterher? Warum erreichen die einen ihre Träume und sind so selbstbewusst, zu sagen »Alles ist möglich!«, während andere ein Leben lang ihren Träumen hinterherrennen, um sie irgendwann zu begraben?

Warum gibt es die einen, die anscheinend vom Schicksal privilegiert sind und denen alles zuzufliegen scheint, und dann die anderen, die vom Schicksal offenbar immer wieder gebeutelt werden?

## Warum du?

Wenn du jetzt, in diesem Moment, auf dein Leben schaust, zu welcher Kategorie zählst du dich? Eher zu denen, denen alles zufliegt und alles gelingt oder eher zu denen, die für alles kämpfen müssen und bei denen ständig Dinge schiefgehen? Wenn du zur ersten Kategorie gehörst, mach einfach weiter so und genieße es!

Wenn du eher zur zweiten Kategorie gehörst, wenn dir das Leben schon ein paarmal so richtig in den Hintern getreten hat und du endlich zurücktreten willst, wenn du Träume hast und endlich wissen willst, wie du sie erreichen kannst, dann wirst du in diesem Buch erfahren, wie dir das gelingt.

In diesem Buch möchte ich dir Antworten auf all deine unbeantworteten Fragen rund um die Themen Glück und Erfolg geben. Ich werde dir ein Gerüst und die Werkzeuge an die Hand geben, mit denen du die Prinzipien von Erfolg und Misserfolg verstehst und sofort auf dein Leben übertragen kannst. Du wirst erkennen, warum Erfolg (beruflich, privat, gesundheitlich und finanziell) keine Frage von Glück, Talent oder günstigen Umständen sein kann. Aber auch, warum es nicht das alleinige Ergebnis von harter Arbeit und Fleiß ist!

Wenn du die Mechanismen, die hinter jedem Erfolg stehen, einmal verstanden hast, kannst du sie immer wieder nutzen. Kennst du sie nicht, wirst du immer wieder scheitern, ohne etwas dafür zu können.

Stell dir vor, du träumst dein Leben lang davon, endlich Autofahren zu können. Und dann ist es so weit. Du sitzt das erste Mal im Auto und hast keine Idee, wie du die Kiste startest. Du kommst vielleicht noch darauf, dass es sinnvoll wäre, den Schlüssel in das Schloss zu stecken (oder den Startknopf zu bedienen) und gleichzeitig irgendetwas mit den Pedalen zu machen. Du versuchst es – und würgst die Kiste ab. Das tust du so lange, bis du denkst: Ich und Autofahren, das funktioniert nicht! Mit dem Erfolg ist es ähnlich. Wir versuchen es so, wie wir glauben, dass es richtig ist, und wenn wir Glück haben, dann klappt es, und wenn nicht, dann eben nicht. Da steckt mehr Zufall als Plan dahinter. Oder wir gucken, wie es andere machen. Doch mal ehrlich: Wie viele von den Menschen, die dich umgeben, leben genau das Leben, dass du dir erträumst? Wie sollen gerade sie dir den Weg weisen?

In dieser Situation hilft es dir nicht, ein Motivationsseminar zu besuchen und dir hinterher zu denken: Jetzt ist alles möglich! Wenn du nicht weißt, *wie* du es möglich machst, bist du genauso schlau wie vorher.

Mit diesem Buch möchte ich dir einen Guide an die Hand geben, mit dem du nicht mehr auf den Zufall oder das Glück hoffen musst, um deine Ziele zu erreichen, sondern mit dem du dein Glück selbst steuerst. Ich möchte, dass du weißt, was du konkret tun kannst, damit deine Visionen wahr werden, und ich werde mein Bestes dafür geben, dass du all das, was du jetzt liest, auch sofort in dein Leben integrieren kannst!

Und damit sind wir schon beim wichtigsten Aspekt des Themas Erfolg: Dem aktiven Tun. Erfolg ist kein theoretischer Vorgang. Du kannst jeden Tag zehn Fitnessmagazine lesen – davon wird dein Bizeps nicht wachsen. Mit Erfolg ist es nicht anders. Nur über ihn zu lesen, bringt dich nicht weiter. Du musst handeln. Deshalb wirst du am Ende eines jeden Kapitels Anleitungen finden, die dich genau in dieses Tun versetzen. Allein mit diesen Übungen erhöhst du die Wahrscheinlichkeit, dass du wirklich in die Umsetzung kommst, um 230%, ist das nicht großartig?

## Warum ich?

Wie oft habe ich mir früher jemanden gewünscht, der mich an die Hand nimmt und mich durch das Leben führt. Natürlich haben meine Eltern das versucht. Genauso wie meine Lehrer oder auch meine Freunde. Aber sie hatten alle eine andere Vorstellung vom Leben als ich. Sie konnten mir zeigen, wie ich *ihr* Leben führe, aber keiner konnte mir zeigen, wie ich *mein* Leben finde. Ich habe mich dann allein auf den Weg gemacht und habe viele grandiose Dinge erlebt, aber auch viele Tiefschläge. Ich bin so lange gelaufen, bis ich eines verstanden habe: Erfolg und Misserfolg liegen immer in uns. Wir sind der Schlüssel. Wir haben bloß keine Bedienungsanleitung, wie wir all das, was da ist, produktiv machen. Diese Bedienungsanleitung bekommst du mit diesem Buch an die Hand. Nicht für *mein* Leben, sondern für *dein* Leben.

Kapitel 2

# BUSFAHRER ODER PASSAGIER?

Bevor wir loslegen und richtig ins Thema einsteigen, möchte ich dir noch ein Gefühl dafür geben, wer der Mensch Katja eigentlich ist.

Ich war einmal das, was man eine »brave« Tochter nennt. Ich habe brav mein Abitur gemacht und anschließend brav Betriebswirtschaftslehre studiert. Nicht, weil ich es *wollte*, sondern weil ich es *sollte*. Meine Mutter wollte es. Folgende Glaubenssätze haben mich lange begleitet: Wenn du etwas in deinem Leben erreichen willst, musst du fleißig sein, studieren, dir einen sicheren Job suchen und darfst nicht aus der Reihe tanzen.

Unabhängig davon, dass ich heute mehr denn je davon überzeugt bin, dass dieser vermeintlich sichere Weg nicht das Rezept für ein glückliches, erfolgreiches Leben ist, so gibt es diese vermeintliche Sicherheit und Planbarkeit sowieso nicht mehr. Hättest du mir vor zehn Jahren erzählt, dass einer meiner Konkurrenten auf der Bühne einmal ein Roboter sein wird, hätte ich noch geschmunzelt. Heute ist der romanoide Roboter Sophia auf den Bühnen dieser Welt unterwegs und in den gleichen Rednerkatalogen wie ich.

Wenn die Zeiten der Sicherheit, Vorhersehbarkeit und Planbarkeit vorbei sind, macht es keinen Sinn mehr, nach diesen Dingen zu streben. Wenn sich die Dinge ändern, müssen auch wir uns ändern.

## Es gibt viele, die abraten – aber wer rät zu?

Ich war sehr unglücklich an der Universität. Ich hasste es, zu studieren. Ich wusste nicht, wozu. Es war nicht mein Weg. Meine Mutter wollte, dass ich etwas »Vernünftiges« lerne, aber ich wollte Geld verdienen. Ich wollte etwas bewegen, statt Wissen anzuhäufen, das andere mir vorgeben. Dies hatte ich in der Schule zur Genüge getan. Ich wollte endlich selbst entscheiden, was ich brauche und was nicht.

Nach drei Jahren zog ich die Reißleine. Ich meldete mich von der Uni ab und für mein eigenes Leben an. Für meine Mutter brach eine Welt zusammen. Ihre Tochter war jetzt eine Studienabbrecherin. Und dann erging es mir so, wie es vielen anderen ergeht, die plötzlich einen anderen Weg einschlagen wollen, die ihren Job kündigen, ins Ausland gehen, etwas völlig Neues machen: Das Umfeld zeigt sich schockiert und rät ab; es könnte ja schiefgehen. Viel später in meinem Leben habe ich begriffen, dass die meisten gar nicht anders können, als abzuraten.

Wie sollen sie sich etwas vorstellen können, was sie selbst nicht leben? Sie müssten sich vielleicht eingestehen, dass sie in ihrem Leben selbst auf dem falschen Weg sind. Meine Mutter, meine Freunde, sie alle meinten es gut und redeten auf mich ein.

*Ich solle mein Leben nicht wegschmeißen.*
*Ich sollte durchhalten.*
*Das Leben ist schließlich nicht zum Spaß haben da.*
*Was man anfängt, macht man auch zu Ende.*

All das und noch viel mehr hörte ich mir an. Sie meinten es gut und wollten mich beschützen, aber sie vergaßen, dass es um *mein* Leben ging und nicht um ihres.

Ich ließ mich nicht beirren. Ich begann meine Karriere bei einem Berliner Immobilienvertrieb im Außendienst, ohne zu wissen, was auf mich zukommen würde. Ich wusste nicht, was es bedeutet, im

Vertrieb und Verkauf zu arbeiten, ich hatte keine Ahnung von Akquise und von Immobilen. Aber ich hatte eines: den festen Glauben, es zu schaffen. Für meine Mutter war es der nächste Schock: Ein Beruf, den man nicht studieren konnte, war für sie nichts wert. Damals hat mich ihre Reaktion verletzt und wütend gemacht. Heute verstehe ich sie sogar. Es war ihr Lebensmodell, mit dem sie überlebt hatte. Heute ist meine Mutter verdammt stolz auf mich. Aber sie brauchte eine Weile, um zu verstehen, dass mein Lebensweg ein völlig anderer sein sollte als ihrer.

## Versuche es! Oder du wirst nie erfahren, ob es funktioniert!

Es war mein erster Tag in meiner neuen Firma. Ich war sehr aufgeregt, alles kam anders, als ich erwartet hatte. Mein neuer Chef drückte mir mein »Starterkit«, das Berliner Telefonbuch und einen Leitfaden in die Hand, und dann ging es los. Er führte mich in einen Raum, in dem sechs Menschen wie wild telefonierten, und sagte: »So Katja, heute geht deine Probezeit los. Du hast genau drei Tage Zeit. Wenn du in drei Tagen fünfzehn Termine aus dem Telefonbuch gemacht hast, darfst du bleiben, wenn nicht, dann weißt du, wo die Tür ist.« Er grinste mich an und ging. Und ich stand da, keine Idee, was ich machen sollte. Mein erster Impuls war: Flucht! *Hau einfach ab, Katja. Die siehst du nie wieder!*

Doch ich konnte nicht wegrennen. Mein Stolz hielt mich zurück und war größer als meine Angst, zu scheitern. Also setzte ich mich vor das Telefon und legte los. Es war das erste Mal in meinem Leben, dass ich fremde Menschen anrief. Und es war schlimm. Niemals zuvor habe ich so viel Ablehnung erfahren. Ein Nein folgte dem anderen, eine Beschimpfung oder Vertröstung jagte die nächste. Und wieder dachte ich: *Katja, hör auf!* Und wieder siegte mein Stolz. Drei Tage lang kämpfte mein Stolz mit meiner Angst. Am dritten Tag klopfte ich bei meinem Chef an die Tür: Ich hatte siebzehn Termine vereinbart. Das war mein Start im Vertrieb.

Ich war nach kurzer Zeit das »beste Pferd« im Stall. Ich hatte Abschlussquoten von 1:2 und katapultierte mich damit an die Spitze der Mannschaft. Nach nur drei Monaten erfüllte sich das, wovon ich jahrelang geträumt hatte: Mein Porsche stand vor meiner Tür.

## Zufall? Glück? Talent? Fügung?

Alles Unsinn. All das, was ich erreicht hatte, war das Ergebnis von Vertrauen, Machen und Durchhalten. Vor allem aber von Selbstvertrauen.

Ich hätte all das nie erreicht, wenn ich auf die Ratschläge meiner Verwandten und Freunde gehört und nicht mir selbst vertraut hätte. Ich hätte es nie erreicht, wenn ich es nicht einfach versucht und umgesetzt hätte. Und ich hätte es nie erreicht, wenn ich nicht durchgehalten und gekämpft hätte. Wenn du etwas wirklich *willst*, dann schaffst du es. Wenn du etwas nur *sollst*, dann scheiterst du früher oder später. Können kommt von tun und wollen.

## Was willst du wirklich?

So wichtig (Selbst)Vertrauen, Ausprobieren und Durchhalten sind – sie allein garantieren noch keinen Erfolg. Ich telefonierte und telefonierte, war super motiviert durch meine Erfahrungen in der Vergangenheit – doch im Sommer sollte nichts mehr klappen. Mein Wochenplan blieb leer. Ich erreichte niemanden. Und die, die ich erreichte, wollten alles – nur nicht mit mir reden, sie wollten raus in die Sonne. Irgendwann war ich nicht mehr motiviert, sondern sehr frustriert. Ich saß im Büro und schimpfte vor mich hin. Ich schimpfte über die Kunden, den Sommer, die Ungerechtigkeit dieser Welt und vieles mehr. Mit einem Mal ging meine Bürotür auf und mein Chef kam herein: »Mensch, Porschi, was ist los?« Endlich konnte ich all meinen Frust loswerden. Ich klagte ihm mein Leid und schimpfte, heulte, bemitleidete mich selbst und ließ all meine Enttäuschung raus. Als ich fertig war, guckte er mich an und sagte: »Nichts funktioniert immer so, wie wir das gerne hätten. Wenn du

Erfolg haben willst, musst du eine einfache, aber wichtige Entscheidung fällen in deinem Leben. Frage dich: Bist du der Busfahrer oder der Passagier?«

Was für eine Frage! Ich antwortete, ohne zu zögern: »Ich bin der Busfahrer!« Mein Chef grinste mich an: »Sicher? Busfahrer sitzen vorne und steuern die Umstände, Passagiere lassen sich steuern, von Sommerlöchern, ihrem Frust, von Kunden, die nicht ans Telefon gehen und so weiter. Wo sitzt du also gerade?« Wumms. Er hatte mich eiskalt erwischt. Und so wenig mir das passte, begriff ich: Er hatte recht. Ich saß nicht vorn und steuerte, ich hatte mich selbst auf die Rückbank katapultiert und ließ mich steuern. Wenn alles super lief, wenn ich einen Termin nach dem nächsten machte, dann saß ich vorn. Klar, dafür war ich verantwortlich. Aber in dem Moment, als mir die Dinge um die Ohren flogen, machte ich andere dafür verantwortlich. Den Sommer, die Ferien, die Kunden. Und schon saß ich auf der Rückbank und hatte plötzlich keinen Einfluss mehr darauf, wo ich ankommen würde. Ich hatte meine Macht abgegeben.

Wenn alles läuft, ist es leicht, am Steuer seines Lebens zu sitzen. Wenn alles läuft, dann ist es leicht, erfolgreich zu sein. Was aber, wenn die Dinge auf einmal nicht mehr so laufen? Wenn wir gekündigt werden? Wenn wir unseren wichtigsten Kunden verlieren? Wenn der Umsatz zurückgeht? Wenn dein Partner die Scheidung will? Wenn plötzlich ein Virus die Welt lahmlegt? Wo sitzen wir dann?

Vielleicht neigen wir dann dazu, uns auf die Rückbank zu setzen. Damit geben wir die Kontrolle ab – an die, die wir verantwortlich machen. Aber führen sie uns an unsere Ziele? Willst du deinem Chef, über den du dich vielleicht die letzten Monate oder Jahre nur aufgeregt hast, die Macht über dein Leben geben? Willst du diesem einen Kunden erlauben, über dich und deinen Zustand zu entscheiden? Willst du zulassen, dass andere Menschen darüber entscheiden, ob du wütend, glücklich, traurig oder erfolgreich bist?

Ich habe mir in diesem Sommer einen einfachen Trick angewöhnt, um vorne sitzen zu bleiben, auch wenn es gerade schwer und ungemütlich wird: Immer dann, wenn ich merke, dass ich dabei bin, wieder auf die Rückbank zu flüchten, stelle ich mir vor, wie die Person, die ich gerade für mein Schicksal verantwortlich mache, im Bus meines Lebens am Steuer sitzt. Ich sehe sie sogar bildlich vor mir, wie sie mich angrinst und fragt: »Soll ich wirklich fahren?« Du glaubst gar nicht, wie schnell ich wieder nach vorn gehe und sie von meinem Sitz schubse. Erfolg ist eine Entscheidung.

Wir haben jeden Tag die Chance, die Entscheidung für oder gegen etwas zu fällen. Für oder gegen den Job. Für oder gegen den Partner. Für oder gegen das Leben.

Wenn du erkennst, dass es deine Entscheidung ist, ob eine Kündigung das Ende deines Lebens oder der Beginn eines neuen Lebens ist, wenn du erkennst, dass es deine Entscheidung ist, ob ein mögliches Scheitern dich abhält oder anspornt, dann kannst du all das erreichen, was du dir vornimmst. Dann hast du es in der Hand, was in deinem Leben passiert und niemand sonst. Denn dann bist du der Busfahrer.

**Macher-Regel Nr. 1**

**Macher sind Busfahrer in ihrem Leben und nicht Passagiere!**

## Macher-Box

Wer sitzt momentan in deinem Leben am Steuer? Wen machst du immer wieder dafür verantwortlich, wenn die Dinge nicht so laufen? Denke nicht lange darüber nach, sondern schreibe spontan auf, wer oder was dir einfällt.

Was ist das, was du dir momentan am meisten wünschst?

Wer hindert dich daran, es zu erreichen?

Was kannst du künftig tun, um auch in schwierigen Situationen der Busfahrer zu bleiben?

Egal, ob es sich um berufliche oder private Ziele handelt, die wir erreichen wollen, oder was auch immer es ist, das wir in unserem Leben verändern wollen: Wir schaffen das nur, wenn wir das Steuer nicht aus der Hand geben. Wir schaffen die Erinnerungen in unserem Leben, niemand sonst. Also, lass uns doch die besten Erinnerungen schaffen, die uns möglich sind, oder?

Kapitel 3

# VOM HINDERNISSEHER ZUM CHANCENSUCHER

Seit kurzem habe ich nicht nur ein Büro in Berlin, sondern auch in Los Angeles. Jetzt kann man von den Amerikanern halten, was man will, aber eine Sache kann man ihnen nicht absprechen: Sie sehen anders als wir tendenziell immer erst die Chancen und Möglichkeiten. Wenn wir etwas Neues anpacken wollen, überlegen wir zuerst, was schiefgehen könnte. Amerikaner sehen zuerst das, was sie erreichen können.

Was denkst du, wer legt eher los? Der, der die Probleme sieht oder der, der die Chancen in den Blick nimmt?

Auch erfolgreiche Menschen erleben Niederlagen oder Dinge, die schiefgehen. Aber sie haben einen anderen Fokus und bewerten die Dinge anders. Anstatt sich auf mögliche Probleme zu fokussieren, suchen sie realistische Chancen. Anstatt sich vom Scheitern abhalten zu lassen, spornt sie ein Fehlversuch an, es noch einmal zu probieren.

Im Silicon Valley, dem Zentrum der amerikanischen Elektronik- und Computerbranche bei San Francisco, werden Produkte zum Beispiel bereits nach kurzer Zeit auf den Markt geworfen, um herauszufinden, ob sie von den Kunden angenommen werden oder nicht? Wenn ja, werden sie weiterentwickelt, wenn nicht, werden sie verworfen. Während sie bereits wissen, was läuft und was nicht, sind wir oft noch nicht einmal mit unseren Strategieplanungen und

Problemszenerarien fertig. Wir überlegen hin und her, ob wir dieses Projekt antreten wollen oder nicht, anstatt es einfach zu versuchen. Natürlich könnten wir jetzt sagen: Na und? Dafür legt der Deutsche auch nicht so oft eine Bauchlandung hin wie die Amis! Das stimmt. Doch damit nehmen wir uns unsere Chance auf Erfolg. Was auch immer wir versuchen: Nichts funktioniert, ohne dass es auch mal schiefgeht. Kein Kind lernt laufen, ohne hinzufallen. Kein Sportler wird besser, wenn er nicht bereit ist, zu scheitern. Kein Verkäufer hört ein Ja seines Kunden, ohne vorher ein Nein in Kauf genommen zu haben. Bill Gates, Frank Thelen, Walt Disney ... Sie alle waren erst pleite und dann erfolgreich. Wenn wir erfolgreich sein wollen, müssen wir unser Scheitern akzeptieren. Und wir müssen verstehen, dass nicht das Hinfallen das Schlimme ist, sondern das Liegenbleiben.

Wie viele Menschen denken ihr ganzes Leben darüber nach, ob sie ihren Traum leben oder lieber noch etwas warten sollen. Sie überlegen so lange, bis es zu spät ist.

Dabei entscheidest du, ob Scheitern Bedrohung oder Chance ist. Dein Leben ist nicht das, was es ist. Es ist das, was du daraus machst.

## Ja, aber...

Passagiere erkennst du ganz schnell an ihrer Sprache. Ihre Sätze beginnen fast immer gleich, nämlich mit: »Ja, aber...« Und dann geht das ganze Gerede los. Teilweise stundenlang. Vielleicht kennst du diese Endlosschleife von deinen Kollegen, aus Meetings oder sogar von zu Hause. Man sitzt stundenlang zusammen, redet und erreicht nichts, außer dass die Zeit vergeht. »Ja, aber ...« ist erst der Anfang des Übels, weil wir nicht über Lösungen, Chancen und Ideen sprechen, sondern über das Gegenteil. Fast automatisch folgen Sätze wie: »Das Problem ist ...« Und dann stürzen wir uns auf alle möglichen Szenarien: Was könnte das Problem sein, wie lange gibt es dieses Problem schon, warum ist es da? Wir stürzen uns sogar auf Probleme, die es nicht einmal gibt! Sie sind noch nicht da, aber wir reden schon mal über sie.

Vielleicht gehen dir jetzt wie mir früher bestimmte Gedanken durch den Kopf: Aber es macht doch Sinn, erst einmal zu überlegen, was alles passieren könnte, ehe wir uns sehenden Auges in Unglück stürzen.

Wirklich? Macht es nicht mehr Sinn, erst einmal anzufangen und sich um Hindernisse und Probleme zu kümmern, falls sie eintreten? Sollten wir die Zukunft nicht auf uns zukommen lassen, anstatt sie gedanklich vorwegzunehmen?

Durch unsere Fokussierung auf ein Problem stürzen wir uns erst recht ins Unglück. Wenn du dich auf das konzentrierst, was schiefgehen kann, was wirst du wahrnehmen? Du wirst all das wahrnehmen, was schiefgehen kann. Und das, was du wahrnimmst, entscheidet darüber, wie du dich verhältst. Dein Verhalten ist verantwortlich für das, was du bekommst. Wenn wir den Fokus unserer Kinder die ganze Zeit darauf lenken, wie gefährlich das Leben ist, dann werden sie all diese Gefahren suchen und finden. Und auf einmal ist ihr Leben wirklich gefährlich. Mit einem negativen Fokus schützen wir uns und andere nicht, vielmehr stoßen wir uns mitten ins Unglück.

Es geht nicht darum, alle Probleme zu ignorieren und sehenden Auges in sein Unglück zu rennen. Die Frage ist nur: Wann und – vor allem – in welchem Umfang macht es Sinn, sich mit möglichen Problemen zu befassen? Dann, wenn man sich entschieden hat, einen bestimmten Weg zu gehen? Oder schon Lichtjahre vorher? Wer sich schon Lichtjahre vorher damit beschäftigt, läuft in der Regel erst gar nicht los.

Was auch immer du in deinem Leben erreichen willst: Lass es erst einmal zu, dass es funktionieren kann, bevor du alles infrage stellst. Wenn du dich entschieden hast, loszugehen, kannst du dich immer noch damit befassen, was dir auf dem Weg hinderlich sein könnte.

## Dein Handeln folgt deinem Fokus

Stell dir zwei Menschen vor, die beide das erste Mal akquirieren. Kandidat A ist in einer Macher-Haltung unterwegs. Er sieht nicht alle möglichen Probleme, die kommen könnten, sondern schaust, was passiert. Kandidat B sitzt da und geht erst einmal gedanklich sorgfältig alles durch, was passieren könnte, wenn er zum Hörer greift. Er sieht und spürt schon förmlich die Absagen, die kommen könnten. Er hört die Fragen der Kunden, die er nicht beantworten kann. Er sieht die Sekretärin, an der er möglicherweise gnadenlos scheitert, und er sieht all den anderen Mist, der ihn abhalten kann.

Wer von beiden liegt vorn? Wer hat mehr Erfolg? Na logisch, Kandidat A. Irgendwann fängt vielleicht auch Kandidat B an. Doch was glaubst du, worauf wird er achten in seinen Gesprächen?

Er wird auf all die Dinge achten, die er sich vorher ausgemalt hat. Er wartet förmlich auf das Nein seines Kunden, er wartet darauf, dass er unsicher wird. Er macht so seinen eigenen Erfolg unmöglich. Es sind nicht die Umstände, die uns das Genick brechen, es sind unsere eigenen Gedanken. Zwei Menschen können in ein und derselben Situation sein, aber ihr Fokus entscheidet, was wir aus dieser Situation machen. Wenn ich denke: *Das klappt sowieso nicht!* nehme ich nur die Dinge wahr, die mich darin bestätigen. Wenn ich denke, mein Gegenüber wird doch sowieso keinen Termin machen, dann werde ich jede Situation so bewerten, dass ich recht habe.

Stell dir vor, Kandidat B ruft einen potenziellen Kunden an, und der sagt am Telefon zu ihm: »Ja, wissen Sie, das ist ja eigentlich ganz nett, was Sie mir da vorschlagen, aber ich muss erst...« Kannst du dir vorstellen, was das Kopfkino von unserem B-Kandidaten jetzt macht? Richtig. Er geht in Alarmbereitschaft. *Ich muss erst ... Das kann doch nicht gut gehen. Das habe ich gewusst, dass so etwas kommt.* Und ehe er sichs versieht, beginnt er zu kontern und versucht zu retten, was zu retten ist. Was aber, wenn sein potenzieller Kunde etwas ganz anderes sagen wollte? Was, wenn er nur sagen wollte: »Ich muss erst die Milch vom Herd nehmen, bevor wir weiterreden, sonst brennt sie an.«

Im Lösungsfokus handeln wir anders als im Problemfokus. Im Problemfokus erscheint uns alles schwer und hart. Im Lösungsfokus wirkt die gleiche Situation auf einmal leicht und einfach. Die entscheidende Frage ist: Wie soll dein Leben aussehen? Wie soll es sein? Hart und schwer oder leicht und einfach? Es ist deine Entscheidung!

Dein Handeln folgt immer deinem Fokus. Das ist eines der wichtigsten Gesetze für deinen Erfolg. Du kannst nicht Probleme sehen und Lösungen finden. Wenn du dein Leben verändern willst, verändere zuerst deinen Fokus. Mach dir bewusst, was du denkst. Steuere deine Gedanken und lass dich nicht von ihnen steuern!

Stell dir vor, du stehst vor einem wichtigen Verkaufsgespräch, einer Gehaltsverhandlung mit deinem Chef oder hast gleich ein wichtiges Meeting, bei dem du präsentieren sollst. Welche Gedanken gehen dir durch den Kopf? Welche Bilder siehst du? Hast du Gedanken, die dich nach vorne bringen oder denkst du eher etwas, dass dich abhält? Wenn du denkst, was dich nach vorne bringt, Feuer frei. Sind es Gedanken und Bilder, die dich ausbremsen und hindern: Halte inne und zwinge dich, an etwas anderes zu denken.

Programmiere dich um, vom Problem auf die Lösung. Vom Hindernis auf die Chance. Von Dingen, die schiefgehen könnten, auf Dinge, die du erreichen willst. Dann bist du auf dem Weg vom Unterlasser zum Macher.

## Macher-Regel Nr. 2

**Macher steuern ihren Fokus.**
**Sie sehen nicht das Hindernis, sie sehen die Chance!**

## Macher-Box

Rufe dir eine Situation vor Augen, in der du – deiner Meinung nach – »gescheitert« bist. Eine Situation, die nicht so funktioniert hat, wie du das gerne wolltest (z. B. eine Besprechung, die aus dem Ruder gelaufen ist; eine Präsentation, die unglücklich gelaufen ist; eine Aussprache, die eskaliert ist).
Überlege: Wo lag dein Fokus vor dieser Situation?

Stell dir vor, du hättest den komplett gegenteiligen Fokus gehabt. Kannst du dir vorstellen, dass die Situation anders verlaufen wäre?

Welche Situationen stehen dir bevor, bei denen es wichtig ist, dass du sie erfolgreich meisterst?

Welchen Fokus hast du zurzeit, wenn du an diese Dinge denkst?

Kapitel 4

# DIE MACHT DER ERWARTUNG

Ich kann mich noch sehr gut daran erinnern, wie ich ganz am Anfang meiner Vertriebszeit immer wieder an ein und derselben Herausforderung gescheitert bin – an meiner Vorahnung. Ich machte Termine mit potenziellen Immobilienkäufern, mit dem Ziel, sie dafür zu begeistern, in unsere Immobilien zu investieren. Ich besuchte alle meine Kunden zu einem Erstgespräch, das damit endete, dass ich ihre persönlichen Daten aufnahm, um die Bonität prüfen zu können. So weit, so gut. Doch dann kam die Herausforderung. Am Ende der Datenerfassung sollte ich sämtliche Originalunterlagen, die die persönliche Situation des Kunden widerspiegelten, wie zum Beispiel Gehaltsabrechnungen, Lebensversicherungspolicen, Grundbuchauszüge und Kreditverträge im Original mitnehmen. Machte ich das nicht, wurde der Kunde nicht zu einem Folgetermin im Büro zugelassen und ich hatte umsonst gearbeitet.

Mein Chef wollte sicherstellen, dass der Kunde ein echtes Interesse hatte, bei uns zu kaufen, ehe er die ganze Maschinerie der Vorprüfung in Gang setzte. Denn das kostete Geld und die Erfahrung hatte gezeigt, dass Kunden, die ihre Originale bereitstellten, tatsächlich interessiert waren.

Ich schaffte es nicht, die Kunden um ihre Originalunterlagen zu bitten. Ich versetzte mich in die Situation des potenziellen Kunden und fragte mich, wie ich wohl reagieren würde, wenn man das von mir erwarten würde. Was würde ich tun, wenn mir ein bis dato völlig Fremder zu Hause einen Besuch abstatten und mich nach einem etwa einstündigen Gespräch um die Aushändigung meiner Originalunterlagen bitten würde? Ich würde sie ihm nicht geben, das war mir klar. Und genau mit diesen Gedanken und dieser Erwartung bin ich in meine Kundengespräche gegangen. Es passierte das, was passieren musste. Meine Kunden hängten mir keine Originale aus.

Damals brachte mich diese Situation an den Rand meiner Verzweiflung. Sobald ich nach den Originalen fragte, verkrampfte ich. Ich war auf tausend Gegenargumente eingestellt, bereit für den Kampf. Und auch wenn ich nichts aussprach, sagte mein Körper alles. Das mächtigste Wort ist oft nicht das gesprochene, sondern das unausgesprochene Wort. Meine Kunden spürten instinktiv, wie die Anspannung stieg und waren automatisch in Alarmbereitschaft und im Verteidigungsmodus. Sie merkten, dass jetzt etwas Besonderes kommen würde – und jedes Mal kippte die Stimmung. Sie musste kippen.

Damals dachte ich: Katja, du bist einfach zu blöd, um ein paar Originale zu bekommen. Alle schaffen es, bloß du nicht. Vielleicht kennst du solche selbstsabotierenden Gedanken. Du denkst, du bist zu blöd, zu schüchtern, zu ängstlich, dabei hast du einfach nur eine falsche Erwartung.

Das Ergebnis von meinem Negativ-Fokus war eine wirtschaftliche Katastrophe. Ich führte sehr gute Gespräche, aber bekam nie einen Abschluss. Nicht nur, dass das finanziell ein Desaster für mich war – es wurmte mich immens. Es ging an mein Ego. Doch ich kam nicht raus aus dieser Mühle. Bis mich mein Chef erlöste.

Eines Tages kam er in mein Büro. Er hatte mitbekommen, dass ich immer wieder an diesen blöden Dokumenten scheiterte und meinte: »Porschi, ich gebe dir jetzt einen guten Rat. Stehe dir nicht immer selbst im Weg. Schließe niemals von dir auf andere, und gib anderen Menschen die Chance, selbst zu entscheiden. Wenn du schon die Zukunft gedanklich vorwegnimmst, dann nimm sie wenigstens so vorweg, wie du es gerne hättest.«

Wumms, das hatte wieder einmal gesessen. Mir fiel es wie Schuppen von den Augen. »Wenn du das nächste Mal vor einem Termin stehst, machst du Folgendes: Auf dem Weg dahin malst du dir vor deinem inneren Auge den gesamten Prozess aus, wie du beim Kunden bist, wie du ihn berätst und wie du am Schluss völlig selbstverständlich die Originale in Empfang nimmst. Du spielst die Situation gedanklich so lange durch, bis du zu 100 % davon überzeugt bist, dass es klappt. Einverstanden?«

## Manipuliere dich selbst, sonst machen es andere

Ich muss gestehen, das kam mir auf den ersten Blick viel zu simpel vor. Klar verstand ich, was mein Chef meinte. Ich begriff auch, dass ich mir selbst im Weg gestanden hatte. Aber sollte die Lösung wirklich so einfach sein? Einfach anders denken und schon war alles ganz einfach?

Ich zweifelte, aber ich versuchte es. Was soll ich sagen: Es klappte nicht. Also versuchte ich es wieder. Mit jedem Mal, mit dem ich es versuchte, wurde es besser. Bis der Tag kam, den ich bis heute nicht vergessen habe: Ich bekam das erste Mal alle Originale ausgehändigt. Es hatte funktioniert. Und von da an, funktionierte es immer wieder.

Auf einmal war es leicht. Eines Tages konnte ich mir gar nicht mehr vorstellen, dass dieser Schritt ein Problem für mich gewesen war. Und so ist es mit allem. Jetzt weißt du, wie Realitäten entstehen. Durch unsere Gedanken. Wir Menschen haben eine riesengroße Gabe, die wir leider viel zu selten bzw. mit falschen Motiven nutzen: Wir können uns selbst sensationell manipulieren. Unser Gehirn unterscheidet nicht zwischen Gedanken und Realitäten. Für unser Gehirn ist es gleich, ob du dir eine Situation vorstellst oder sie durchlebst, es speichert sie gleich ab, es nutzt die gleichen neuronalen Bahnen.

Kannst du dich noch an deine Schulzeit erinnern, wie das war, als die Kreide, wenn der Lehrer etwas an die Tafel schrieb, quietschte? Falls du das jemals erlebt hast, hat es dich jetzt eben vermutlich geschüttelt. Dein Körper hat so reagiert wie damals, obwohl vor dir weder ein Lehrer noch eine Tafel ist. Jetzt hast du eine Ahnung, welche Macht deine Gedanken über dich haben. Wenn du dir immer wieder vorstellst, wie etwas nicht geht, ist das irgendwann deine Realität. Glücklicherweise funktioniert es andersherum genauso. Wenn du dir immer wieder vorstellst, wie du erfolgreich bist, dann hast du ständig diese Glücksgefühle und wirst alles tun, um sie weiter zu erleben.

Dahinter steht nichts anderes als eines der mächtigsten Erfolgsgesetze, das ich kenne: die Macht der Erwartung.

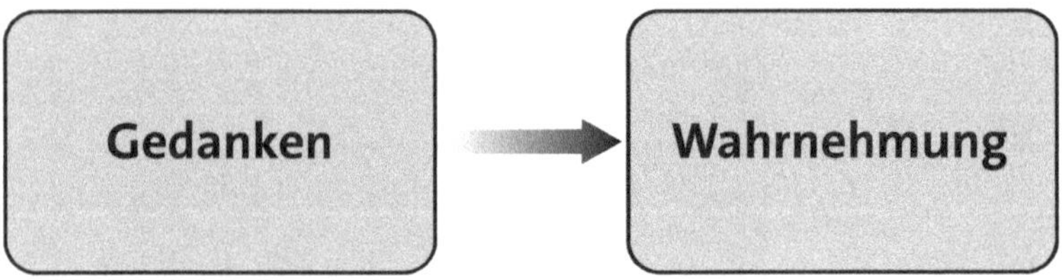


Dabei handelt es sich nicht um Glauben oder Spiritualität, sondern um reine Biochemie.

Pro Sekunde stürzen ca. 11 Millionen Sinneseindrücke auf jeden von uns ein. Klar nehmen wir nicht alle davon bewusst wahr, sonst wären wir alle längst verrückt geworden. Zu unserem Schutz hat unser Gehirn einen Filtermechanismus eingeführt, der dafür sorgt, dass nur ein ganz kleiner Teil all dieser Informationen in unser Bewusstsein gelangt. Der Part in unserem Gehirn, der für diesen Filtermechanismus verantwortlich ist, ist unser Thalamus. Der Haken oder das Glück an diesem Thalamus ist, dass er dynamisch ist. Das bedeutet: Er passt sich an. Er filtert immer das heraus, was er für wichtig hält.

Was ist für dich wichtig? Gehörst du zu den Menschen, die Gefahren vermeiden wollen und daher die möglichen Probleme und Hindernisse sehen? Oder gehörst du zu denen, die in allem das Gute, die Chance sehen? Wenn du zu der »Fraktion Probleme« gehörst, hast du deinen Thalamus darauf programmiert, all die Probleme aus deiner Umwelt herauszufiltern. Gehörst du zur »Fraktion Chancen« wirst du auch in der schlechtesten Situation noch das Gute, die Chance, entdecken. Beides ist da. Das Gute und das Schlechte. Dein Thalamus entscheidet, was du bewusst wahrnimmst. Jetzt verstehst du vielleicht auch, warum es Menschen gibt, die Probleme anziehen und andere, denen das Glück anscheinend nur so zufliegt. Beide können in ein und derselben Situation sein. Sie haben allerdings eine andere Programmierung und leben folglich in unterschiedlichen Realitäten.

Wie stark unsere Gedanken unsere Wahrnehmung steuern, erleben wir jeden Tag.

Kennst du das, du willst dir ein neues Auto kaufen und mit einem Mal siehst du um dich herum nur noch das Modell, das du ins Auge gefasst hast, fahren? Als ob es das plötzlich an jeder Ecke gibt. All diese Autos waren vorher auch schon da, du hast sie bloß nicht wahrgenommen, weil es dich nicht interessiert hat. Deine Gedanken und dein Thalamus waren anders programmiert.

Du kannst deinen Thalamus jederzeit neu programmieren. Wenn du bis jetzt auf Probleme ausgerichtet warst, bedeutet das nicht, dass du in diesem Modus bleiben musst. Du kannst jederzeit dein Macher-Gen wecken und dich umprogrammieren.

Wenn du dein Leben verändern möchtest, dann frage dich zuerst: Worauf liegt momentan mein Fokus? Was nehme ich wahr in meinem Leben? Was nehme ich wahr, wenn ich im Kundengespräch bin? Was nehme ich bei meinem Partner wahr? Was bei mir selbst? Im nächsten Schritt frage dich: Was will ich zukünftig wahrnehmen?

Willst du immer noch all das wahrnehmen, was dich abhält? Willst du dich weiterhin über all das, was dich stört aufregen? Willst du bei dir weiterhin nur die Schwachstellen sehen und die Dinge, die du nicht geschafft hast? Oder willst du ab heute all die Chancen sehen, die das Leben für dich bereithält? Willst du all das sehen, dass du an dir liebst und das dich einzigartig macht?

Was auch immer du sehen willst, es ist deine Entscheidung. Und was auch immer deine Entscheidung ist, fälle sie *jetzt*. Frage dich: Mit welchem Fokus möchte ich ab heute durch mein Leben gehen? In dem Moment, in dem sich dein Fokus ändert, ändert sich automatisch dein Handeln.

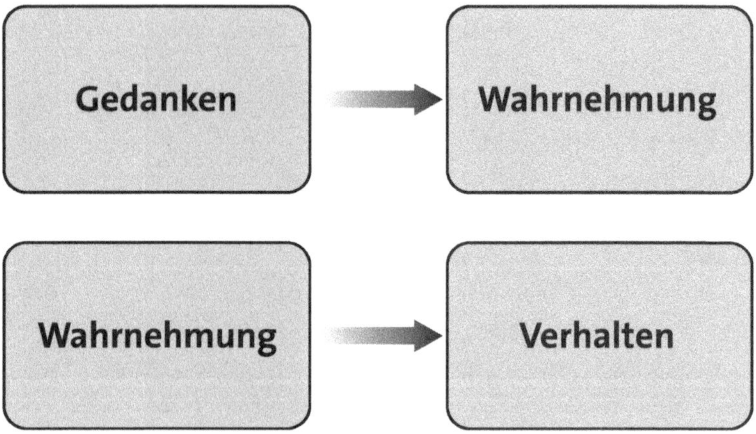


Stell dir vor, wie sich dein Leben verändern wird, wenn du dieses mächtige Gesetz künftig bewusst für dich nutzt. Stell dir vor, wie es sein wird, künftig nicht mehr die Dinge wahrzunehmen, die dich bremsen und abhalten, sondern das zu fokussieren, was dich zum Ziel führt. Stell dir vor, wie es sein wird, wenn Kündigungen, Selbstständigkeit, Trennungen, Fehler, Unsicherheit plötzlich keine Bedrohungen mehr für dich sind, sondern ganz normale Schritte auf deinem Weg zu deinem Ziel, die du mühelos meisterst.

Kannst du dir vorstellen, dass sich auf einmal dein ganzes Leben verändert?

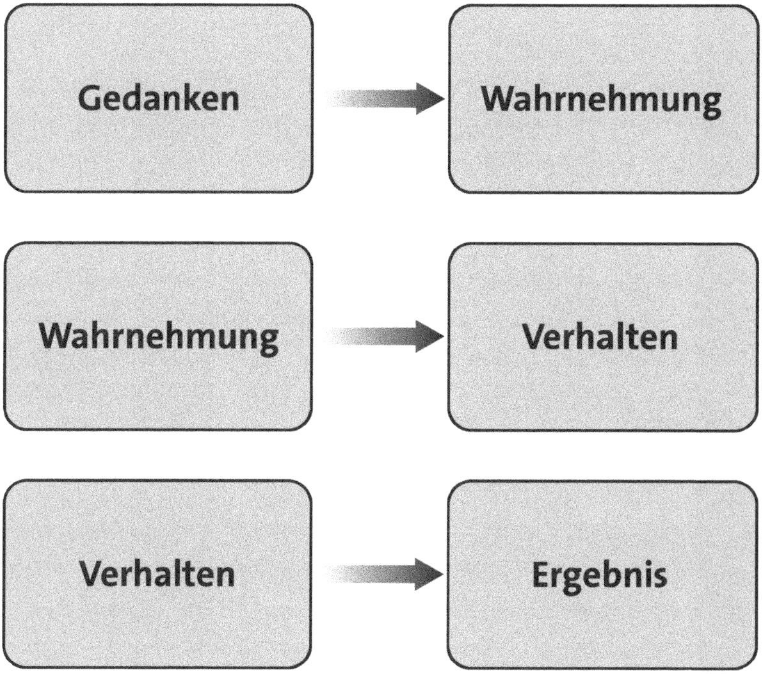


## Ändere zuerst deine Gedanken und erst dann dein Verhalten

Wenn du Probleme erwartest, wenn du in Problemen denkst, wirst du genau diese Probleme bekommen. Auf der anderen Seite: Wenn du in Chancen denkst, wirst du genau diese Chancen sehen und kannst sie ergreifen. Das bedeutet für dich: Es sind nie die Umstände, die darüber entscheiden, was passiert. Nicht das Schicksal, keine anderen Menschen, nicht deine Intelligenz, entscheiden darüber, wie glücklich, reich, zufrieden oder erfolgreich du bist. Nein, es sind einzig und allein deine Gedanken.

Vielleicht hast du dich ja auch schon einmal gefragt, warum andere erfolgreicher sind als du, obwohl du weitaus fleißiger bist und über viel mehr Erfahrung verfügst. Der Unterschied zwischen euch sind eure Gedanken.

Leider versuchen wir in der Regel, zuerst unser Verhalten zu verändern und dann unsere Gedanken. Wir versuchen, die Umstände zu ändern oder regen uns über sie auf. All das ist aber sinnlos. Veränderung beginnt nie beim Verhalten. Auch wenn uns das jahrelang beigebracht wurde. Ich glaube, fast jeder Raucher weiß, wie wenig zielführend es ist, heute zu sagen: morgen höre ich mit dem Rauchen auf, solange wir in unseren Gedanken noch leidenschaftlicher Raucher sind. Wir schaffen es vielleicht für einen Tag, für zwei, für drei und dann sind wir wieder drin. Es ist die Macht der Gewohnheit.

Jeder, der schon einmal versucht hat, eine Diät zu machen, weiß, wie schwer es ist, durchzuhalten. Du nimmst dir vor, weniger zu essen. Aber solange du denkst, dass du ein Genussmensch bist, dem es schwerfällt, Nein zu sagen, wird deine Lust auf das Croissant beim Bäcker auf Dauer siegen. Wenn wir nur unser Essverhalten ändern, aber parallel dazu nicht auch unsere Gedanken über uns und das Essen, dann scheitert unsere Diät. Du wirst dein Verhalten erst dann ändern, wenn du deine Identität, deine Gedanken und damit dich selbst geändert hast. Solange du denkst, dass du Raucher bist, wirst du weiter rauchen. Solange du denkst, dass du schüchtern bist, wirst du schüchtern bleiben. Solange du denkst, dass du sicherheitsbedürftig bist, wirst du keine Risiken eingehen.

Solange du dich nicht als einen erfolgreichen Menschen siehst, hast du keine Chance, einer zu werden. Da helfen die besten Vorsätze und das beste Wissen nichts. Wenn du etwas verändern willst, fange nicht bei deinem Verhalten an. Fange bei dir an. Du bist deine Gedanken.

Kommen wir zu einem weiteren Erfolgsgeheimnis. Wie oft machen wir etwas nicht, weil wir Angst davor haben, dass es schiefgeht. Wir wollen auf gar keinen Fall versagen. Wir wollen keinen Fehler machen. Dabei haben wir, wenn wir so denken, den größten Fehler gemacht, den wir machen können: Wir versuchen, Fehler zu vermeiden. Fehler gehören zum Erfolg dazu, wie die Luft zum Atmen. Du kannst nicht verhindern, zu scheitern, egal wie sehr du es versuchst. Es werden Dinge schiefgehen, erst recht, wenn du etwas Neues versuchst. Jeder Erfolg ist mit einer bestimmten Anzahl an Fehlversuchen verbunden. Das kannst du nicht ändern. Aber du kannst ändern, in welcher Zeit du diese Fehlversuche hinter dich bringst.

Ich gebe dir ein Beispiel: Wir fallen ca. 30.000-mal hin, bevor wir laufen können. Das kannst du nicht verhindern. Du entscheidest aber, wie lange du für die 30.000 Versuche brauchst. Erlaubst du dir nur einen Versuch am Tag, brauchst du 30.000 Tage. Erlaubst du dir 100 Versuche am Tag, brauchst du nur 300 Tage. Wer ist jetzt erfolgreicher? Der, der weniger am Tag »scheitert« oder der, der öfter »scheitert«? Öfter zu scheitern, bedeutet also nichts anders, als schneller ans Ziel zu kommen. Öfter zu scheitern, bedeutet also mehr Erfolg. Wenn wir das in der Schule gelernt hätten, hätten wir uns viel Kummer im Leben erspart.

Du kannst Fehler nicht verhindern, aber du kannst entscheiden, was du über Fehler denkst. Du entscheidest, ob mögliche Fehler dich abhalten oder ob sie dich anspornen.

Damit hast du ab jetzt den mächtigsten Hebel für Erfolg in der Hand: Wenn du Dinge verändern willst, dann ändere dich und deine Gedanken.

## Macher Regel Nr. 3

**Macher versuchen nicht, die Umstände zu ändern.
Sie ändern ihre Gedanken!**

Kapitel 5

# WAS KANN ICH JETZT TUN?

Vor drei Jahren war ich mit meinem Mann Peter in Kapstadt und wir haben unter anderem eine Township-Tour gemacht. Die Townships sind die Armenviertel in Kapstadt, die während der Apartheid gegründet wurden. Hier lebt ein großer Teil der schwarzen und farbigen Bevölkerung, die Armen der Gesellschaft. Ich ahnte, dass uns die Eindrücke aus diesen Vierteln mitnehmen würden. Das haben sie auch. Allerdings im positivsten Sinne.

Das überraschendste für mich war, dass Armut und Reichtum dort so dicht beieinander liegen. Die Townships grenzen direkt an die Areale der Weißen, dass es schwerfällt, sich so schnell umzustellen. Eben noch bist du vor einer Luxusvilla und dann, ein paar hundert Meter weiter, stehst du vor eine Lawine aus Blechhütten, die alle irgendwie gleich aussehen. Sie alle sind etwa gleich groß, besser gesagt gleich klein. Meistens bestehen sie aus einem winzigen Raum, um die 5 qm groß, mit angrenzender kleiner Kochstelle und einer – meist abgegrenzten – Toilette mit Waschbecken. Das war's. Und in diesen Hütten leben bis zu fünf Menschen. Ich hätte mir das vorher nicht vorstellen können. Ich hätte mir allerdings auch nicht vorstellen können, wie stolz die Menschen dort auf das Wenige sind, was sie besitzen. Und noch weniger hätte ich mir vorstellen können, wie positiv sie sind. Als wir durch diese Hütten liefen, musste ich an Deutschland und unser Sozialsystem denken. Wie würden wir wohl reagieren, wenn es statt Hartz IV, 3 Zimmern, Flachbildschirm, Playstation und Waschmaschine jetzt eine Blechhütte ohne Heizung geben würde? Ich kann mir schwer vorstellen, dass wir damit so leicht und so fröhlich wie die Südafrikaner umgehen könnten.

## »Singhis Guidelines für Erfolg«

Du magst vielleicht denken, man könne Südafrika nicht mit Deutschland vergleichen, weil sie es nicht anders kennen. Doch, das tun sie. Sie brauchen nur 500 Meter weiter zu laufen, um zu sehen, was in Südafrika auch möglich ist. Und so unterschiedlich diese beiden Länder auch sein mögen, eines haben sie gemeinsam: Jedes Land hat seine eigenen Herausforderungen und seine eigenen Chancen. In jedem Land gibt es Menschen, denen es gutgeht und denen es schlecht geht. Es gibt die Reichen und es gibt die Armen. Es gibt die Macher und die Akzeptierenden. Es gibt die Busfahrer und die Passagiere. Und es gibt die Frage: Wie schaffe ich es, zu denen zu gehören, denen es gut geht? Zu den Busfahrern, die da ankommen, wo sie ankommen wollen. Zu den Machern, die ihren Erfolg auch dann noch steuern, wenn alles gegen sie spricht? Wie werde ich morgen reich, auch wenn ich heute noch arm bin? Wie werde ich morgen glücklich, auch wenn ich heute am liebsten von der Brücke springen möchte?

Und damit zurück zu den Townships. Wir waren dort nicht allein unterwegs, wir hatten einen Guide, Singhi. Singhi war in den Townships geboren worden und man merkte, wie verbunden er diesem Ort war. Mich interessierte vor allem, wie er seine Situation einschätzte. Ich wollte wissen, ob er neidisch ist auf das, was die Weißen um ihn herum besitzen. Auf das Leben, das sie führen. Ob er vielleicht sogar hasserfüllt ist, wenn er an die Geschichte der Apartheid zurückdenkt und ob er sich ungerecht behandelt fühlt. Ich wollte wissen, ob es sein Ziel ist, jemals aus den Townships herauszukommen und ob er sich das überhaupt vorstellen kann. Zu guter Letzt wollte ich wissen, ob er glaubt, dass ein erfolgreiches Leben überhaupt möglich ist, wenn man in dieser Armut groß geworden ist und immer noch dort lebt. Ich stellte ihm alle meine Fragen. Seine Antworten haben mich so verblüfft, dass ich sie »Singhis Guidelines für Erfolg« genannt habe und in vielen meiner Vorträge einsetze.

Singhi sagte mir: »Erfolg ist immer möglich. Egal, woher du kommst.«

Wichtig ist nur, dass du ein paar Dinge berücksichtigst. Wichtig ist, dass du...

- *dich auf das Wesentliche konzentrierst, dich fokussierst und dich nicht ablenken lässt, von all dem, was um dich herum geschieht.*
- *bei dir anfängst, wenn du etwas erreichen willst, und nicht darauf wartest, dass dich jemand zum Erfolg trägt.*
- *dir Ziele setzt und nicht aufgibst, bevor du sie erreicht hast.*
- *die Möglichkeiten, die du hast, siehst und nutzt.*
- *dich immer weiterbildest, egal wie alt du bist. Denn Weiterbildung ist der Schlüssel zum Erfolg.*

Ich hätte überall mit der Aufzählung dieser Guidelines gerechnet, aber nicht in den Townships. Und besser hätte ich sie nicht zusammenfassen können. Kannst du dir vorstellen, dass du, wenn du nur diese fünf Punkte in deinem Leben berücksichtigst, sehr weit vorne im Bus sitzt?

Lass uns diese Punkte einmal einzeln durchgehen.

## 1. Fokussiere dich auf dich

Wie oft am Tag beschäftigst du dich wirklich nur mit dir? Nimmst dir wirklich Zeit für dich und beschäftigst dich mit dem, was du willst, mit deinem Potenzial und mit deinen Zielen und Visionen? Und wie oft am Tag beschäftigst du dich mit anderen? Wie oft guckst du danach, was andere haben und wie oft bist du dankbar für das, was du hast und wer du bist?

Wir haben schon über die Bedeutung des Fokus gesprochen. Wenn wir mit unserem Fokus mehr bei anderen sind als bei uns, wo ist dann unsere Energie? Doch wo sollte sie sein? Ich stelle immer wieder fest, dass die meisten Teilnehmer meiner Veranstaltungen nur einen Bruchteil ihres Potenzials nutzen. Sie sind so sehr mit ihrer Umwelt und den anderen Menschen um sie herum beschäftigt, dass sie das Wichtigste vergessen: Sich selbst. Ein Großteil meiner Seminarteilnehmer und Coaches weiß nicht einmal, wie viel Potenzial in ihnen steckt, wieviel Chancen sie in ihrem Leben haben, geschweige denn, wie sie all das nutzen können. Sie haben verlernt, danach zu suchen.

## 2. Fange bei dir an

Natürlich ist es einfacher, zu überlegen, wer daran schuld ist, wenn die Dinge nicht so funktionieren, wie wir es gern hätten, als mit sich selbst ins Gericht zu gehen. Ja, es ist hart, sich eingestehen zu müssen, dass man es höchstpersönlich verbockt hat. Auf der anderen Seite: Wenn du es verbockt hast, kannst du es auch wieder in Ordnung bringen, oder? Wenn du die Verantwortung für deinen Misserfolg abgibst, wie willst du sie dann für deinen Erfolg übernehmen?

Selbst wenn ich weiß, wer schuld ist, was bringt es mir? Was brachte es mir, dass ich wusste, dass die Menschen, die mich nicht bezahlt haben, mich in die Pleite gestürzt haben? Pleite war ich so oder so. Solange ich dafür nicht die Verantwortung übernehme, habe ich keine Chance, da wieder rauszukommen.

Was bringt es mir, wenn ich weiß, dass mein Kollege daran schuld ist, dass ich die versprochene Beförderung nicht bekommen habe? Nur weil ich es weiß, habe ich sie trotzdem nicht. Anstatt als Passagier auf der Rückbank zu sitzen und zu fragen, *Wer ist schuld?*, stelle die Frage: *Was kann ich jetzt tun?* Nur, wenn du die Verantwortung übernimmst, kannst du etwas bewirken. Hätte Singhi sich die Schuldfrage gestellt, hätte er zig Schuldige und Gründe gefunden, warum er in dieser Situation ist. Er würde allerdings nie herauskommen aus den 5 qm und den Townships. Er stellte sich aber eine andere Frage. Er fragte sich: Was kann ich jetzt tun?

Und so wurde er Guide in den Townships, um mit dem Geld, dass er verdiente, seine Ausbildung zum Reisekaufmann zu bezahlen und sich dann seinen Traum vom eigenen Reisebüro zu erfüllen.

## 3. Setze dir Ziele und halte durch

Setze dir Ziele. Klingt einfach, aber machen wir es auch? Setzen wir uns wirklich Ziele oder haben wir vielleicht eher nur Richtungsmarker in unserem Leben? Mit Richtungsmarkern meine ich unkonkrete Aussagen wie »Ich möchte mehr Geld haben« oder »Ich möchte mehr Erfolg haben«. Was genau ist denn mehr Erfolg? Die Beförderung? Mehr Lob vom Chef? Was genau ist denn mehr Geld? 1000 Euro mehr? 10.000 Euro mehr?

Aber nicht nur die Klarheit über unsere Ziele ist wichtig, sondern auch, dass wir durchhalten, bis wir sie erreicht haben. Hast du ein Ziel im Leben, das dich morgens aus dem Bett springen lässt, das dich miese Tage locker überstehen lässt und das dir all die Energie gibt, die du brauchst, um auch Durststrecken zu überstehen? Wenn du an dieses Ziel denkst, bist du wirklich wild entschlossen, alles zu geben oder gehst du da eher mit der Einstellung »Ach, das wäre schon schön« dran? Solange du denkst: »Ein neuer Job, das wäre schon schön!« oder »Etwas mehr Geld, das wäre schon schön!« wirst du nie genug Power haben, diesen Job oder mehr Geld zu bekommen. Finde das, für das du wirklich brennst. Mach es dir bewusst und laufe los.

## 4. Nutze die Möglichkeiten, die du hast

Oft stehen wir uns selbst im Weg, weil wir den Wald vor lauter Bäumen nicht sehen. Das geschieht meist dann, wenn wir mit einer Situation oder unserem Leben, so wie es läuft, unzufrieden oder überfordert sind. Überlege einmal, wenn du so einen richtigen Nulllauf hast, also wenn nichts so funktioniert, wie du das willst. Was siehst du? Siehst du die Chancen um dich herum? All das schöne, dass trotzdem da ist? Oder siehst du eher das, was dir das Leben gerade schwer macht? Machen wir uns nichts vor, wenn alles gegen uns läuft, wenn wir unglücklich sind, dann können die schönsten Dinge der Welt vor uns liegen und wir würden sie nicht sehen.

Und das ist das Gemeine. Unser Gehirn spielt uns hier einen Streich, denn es strebt nach Konsistenz. Das heißt, dass das, was wir fühlen, mit dem, was wir denken, übereinstimmen muss. Und wenn wir uns mies fühlen, dann sucht unser Gehirn in unserer Umwelt nach allem, was uns darin bestätigt, dass wir uns zu Recht mies fühlen. Und schon arbeitet unser Thalamus wieder auf Hochtouren und macht seinen Job. Die Aufgabe ist also klar: Auch wenn alles gegen uns läuft, müssen wir es schaffen, die Möglichkeiten und Chancen zu sehen. Die Lösung, anstatt das Problem. Und das schaffen wir, indem wir es uns immer wieder bewusst machen. Keiner entscheidet darüber, wie und was du denkst. Das bist ganz allein du. Also nutze diese Macht, die du hast.

## 5. Bilde dich weiter

Mal ehrlich, wann hast du dich das letzte Mal bewusst weitergebildet? Also nicht nur irgendein Buch gelesen oder ein Seminar besucht und dann gehofft, dass danach alles anders wird, sondern wann hast du das letzte Mal strukturiert, präzise und nachhaltig an deinem Erfolg gearbeitet?

In der Schule lernen die meisten Schüler für ihren Lehrer, die guten Noten und die Versetzung; in der Universität lernen wir für den Abschluss, in der Lehre lernen wir für den Beruf. Und wann lernen wir für uns und die Erfüllung unserer Träume?

Bei den meisten Menschen endet das Kapitel Weiterbildung in dem Moment, in dem sie fertig studiert oder ausgelernt haben. Okay, vielleicht kommen dann noch ein paar Pflichtseminare dazu, die wir für unseren Job brauchen, aber das war es dann auch. In

Südafrika ist das Thema Weiterbildung völlig anders besetzt. Da ist es nicht normal, dass Kinder zur Schule gehen. Die Eltern müssen verdammt viel dafür tun, damit sie ihren Kindern diesen Luxus bieten können. Und auf einmal, wenn Bildung nicht selbstverständlich und für jeden verfügbar ist, wird sie zu einem wahnsinnig wichtigen und begehrten Gut. Auf einmal tun Menschen (fast) alles dafür, Bildung zu erlangen oder sie ihren Kindern zu ermöglichen. Für Singhi ist Bildung der Schlüssel zu Erfolg. Und das unterschreibe ich.

Bildung war immer wichtig, aber eigenverantwortliche Bildung wird immer wichtiger. Der Markt der Persönlichkeitsentwicklung ist der Markt der Zukunft und wird immer mehr darüber entscheiden, wie erfolgreich und glücklich wir mit unserem Leben sind oder eben auch nicht.

Ich bin noch mit dem konventionellen Sicherheitsdenken aufgewachsen. Die Worte meiner Mutter nach meinem Abitur werde ich nie vergessen: »Katja, dass wichtigste im Leben ist ein Studium. Sieh zu, dass du einen guten Abschluss hast, dann suchst du dir einen sicheren Job und dann wird das auch was mit der Rente und dem Reihenhäuschen.« Unabhängig davon, dass ich weder das Reihenhäuschen noch den sicheren Job wollte, diese Bullerbü-Zeiten sind endgültig vorbei. Sicherheit, staatliche Rente, ein Job bis zum Ruhestand, sichere Positionen, all das gibt es nicht mehr. Egal, ob wir selbstständig sind oder angestellt: Die Anforderungen an uns verändern sich immer mehr und schneller. Die Zeit der Sicherheiten ist vorbei. Aber statt Sicherheit haben wir etwas anderes, nämlich Freiheit. Die Freiheit, selbst zu entscheiden, welches Leben wir leben und auf welches Leben wir zurückblicken wollen. Uns hat bloß niemand beigebracht, wie wir mit dieser Freiheit umgehen.

Wir versuchen immer noch, unseren Kindern die Sicherheit vorzuleben, die es nicht mehr gibt. Unser Schulsystem ist immer noch auf dem Stand von vor fünfzig Jahren. Wir glauben, nach der Schule haben wir ausgelernt und bekommen nicht mit, das lebenslanges

Lernen unser ständiger Begleiter ist. Wir sehen all die Chancen nicht, die jeden Tag neu entstehen, sondern bloß all die Gefahren. Und selbst, wenn wir sie sehen, ergreifen wir sie nicht – es könnte ja schief gehen. Wir versuchen, mit einem Mindset 1.0 in einer Zukunft 4.0 zu bestehen. Und das wird nicht funktionieren. Wir werden so nicht überleben und schon gar nicht LEBEN.

Und genau damit fangen wir jetzt an.

Wir leben in einer Zeit, in der wir heute noch nicht wissen, welche Jobs es morgen geben wird. Wir leben in Zeiten, in den Roboter mehr und mehr unsere Jobs übernehmen, in der die virtuelle Realität auf dem Vormarsch ist und sich die Dinge so schnell verändern, wie nie zuvor. Und damit ändern sich die Anforderung an uns immens.

Unsere Persönlichkeit wird künftig zu einem großen Teil darüber entscheiden, ob wir einen Job haben oder nicht. Sie wird darüber entscheiden, ob wir ein Teil dieser sich immer schneller entwickelnden Welt sind und davon profitieren oder ob wir ausgemustert werden, gefrustet in einer 1-Zimmer-Wohnung sitzen und mit virtuellen Freunden und Schein-Beziehungen unser Leben frusten.

Das mag sich hart anhören, doch die Zeiten sind, wie sie sind. Wir können sie nicht ändern, aber das Beste aus ihnen machen. Und auch ich musste das erst einmal lernen.

Egal, ob selbstständig oder angestellt: Ich brauche heute völlig andere Fähigkeiten als noch vor zehn Jahren. Damals haben Unternehmen ihre Kunden über Anzeigen und Fernsehwerbung gefunden, heute finden sie diese auf Facebook, YouTube oder LinkedIn. Früher konnten wir uns über unsere Unique Selling Proposition (USP) – also unser Alleinstellungsmerkmal – sichtbar machen, heute versinken wir damit in der Masse. Ich könnte noch zig weitere Beispiele nennen. Fakt ist: Wenn sich alles um uns herum verändert, dann können wir nicht stehenbleiben. Kontinuierliche Weiterbildung und Veränderung wird zu unserem Leben gehören wie die Luft zum Atmen. Wer nicht mitmacht, erstickt. Und jetzt kommt die gute Nachricht: Noch nie waren Bildung und Weiterbildung so einfach zu bekommen wie heute. Wir brauchen keine Bibliotheken aufsuchen, wir müssen nicht stundenlang Bücher wälzen. Alles, was wir heute wissen und lernen wollen, ist per Klick im Internet verfügbar. Wir müssen uns die Informationen nur abholen. Und damit beginnt die Freiheit. Wir können unser Leben so gestalten, wie wir es möchten. Und genau damit kannst du jetzt beginnen.

## Macher-Regel Nr. 4

Macher warten nicht, bis sie zum Erfolg getragen werden.
Sie setzen sich selbst ans Steuer und fragen sich:
**Was** kann **ich** jetzt tun?

## Macher-Box

Hier noch einmal Singhis Guidelines:

- → Fokussiere dich!
- → Fange bei dir an!
- → Setze dir Ziele und sei entschlossen!
- → Nutze deine Möglichkeiten!
- → Bilde dich weiter!

1. Worauf fokussiere ich mich jeden Tag?
   Wie oft befasse ich mich mit anderen, wie oft mit mir?
   Worauf sollte ich mich fokussieren?

2. Wer sind meine »Lieblingsschuldigen«? Führe dir die letzten beiden Situationen vor Augen, in denen die Dinge nicht so funktioniert haben, wie du das wolltest.
   Wo lag der Fehler? Wer hat es verbockt?

3. Was sind meine Ziele, bezogen auf mein Leben?
   Auf meinen Job?
   Treiben mich diese Ziele wirklich zu Höchstleistungen an?

4. Welche Weiterbildungsmaßnahmen möchte ich dieses Jahr nutzen?
   Welche Kompetenzen möchte ich weiter ausbauen und warum?
   Wie oft werde ich trainieren und welche Medien werde ich nutzen?

Kapitel 6

# DAS CHAMÄLEONPRINZIP

Kennst du das? Du hast dir vorgenommen, jetzt endlich etwas zu verändern. In deinem Leben, deiner Karriere, deiner Gesundheit, deiner Beziehung, in deiner Firma. Du hast auch eine Idee, wie du es gerne hättest und fängst an, das Ganze umzusetzen. Und dann passiert irgendetwas. Es funktioniert nicht so, wie du es dir vorgenommen hast. Dir fliegt eine Sache nach der anderen um die Ohren. Du wirst immer unsicherer und immer frustrierter und kommst dir schon vor wie David im Kampf gegen Goliath. Doch du hältst durch, schließlich willst du ans Ziel kommen. Doch irgendwann kannst du einfach nicht mehr und schmeißt das Handtuch. Kommt dir das bekannt vor? Mir ja.

Ich weiß aus eigener Erfahrung: Wenn Dinge schiefgehen, dann können wir uns noch so sehr vornehmen, den richtigen Fokus zu haben, wir können noch so sehr vorn im Bus sitzen wollen – es hilft nichts. Wir sind nun mal Menschen und wir mögen keinen Schmerz. Und wenn wir immer wieder hinfallen, dann setzt unser natürlicher Schutzmechanismus ein und sagt: »Hör auf damit! Das tut weh!« Und wir hören auf und merken gar nicht, dass es hinterher vielmehr wehtut, unsere Träume aufgegeben zu haben, als durch den Schmerz hindurchzugehen. Das Gute ist: Es gibt einen Weg da raus.

Wir müssen nur verstehen, wie wir »ticken«, wie unser Gehirn wann reagiert und wie wir das für uns nutzen können, anstatt zuzulassen, dass dieser Mechanismus gegen uns arbeitet.

So komplex unser Gehirn auch ist, es funktioniert ganz einfach. Es versucht alles, um Schmerz zu vermeiden. Sobald eine mögliche Gefahr droht, sendet es den Impuls in unser Bewusstsein: Renn weg. Früher hat uns dieser Impuls das Leben gerettet. Wenn ein Säbelzahntiger um die Ecke gebogen kam, und Gefahr drohte, war es überlebenswichtig, zu rennen und nicht lange zu überlegen. Und heutzutage? Heute kommt kein Säbelzahntiger mehr um die Ecke, sondern eine neue Chance, dein Traum, eine neue Gelegenheit. Heute sind es der neue Job, die Selbstständigkeit, die neue Beziehung, die Selbstverwirklichung, die sich uns bieten. Und was macht unser Gehirn? Kündigen? Trennung? Neu starten? Verändern? Achtung, das kann schiefgehen! Gefahr! Renn weg. So wie wir früher vor Säbelzahntigern weggerannt sind, rennen wir heute vor unserem Glück weg, sofern der Weg dahin irgendwie gefährlich sein könnte.

Wenn es dein Traum ist, endlich dein eigenes Unternehmen zu gründen und du dafür kündigen musst, dann ist die Kündigung der Schmerz. Du weichst diesem Schmerz aus, bleibst in dem verhassten Job und das war´s mit deinem Traum.

Ob es uns passt oder nicht, diesen Mechanismus können wir nicht verändern. Aber wir können verändern, was wir die Veränderung als Gefahr bewerten. Du entscheidest, ob eine Kündigung eine Gefahr ist oder ein Segen.

Es gab Zeiten in meinem Leben, da war ich davon überzeugt, allem und jedem ausgeliefert zu sein. Ich kam mir so macht- und hilflos vor und hatte keine Idee, wie ich das ändern sollte. Alles, was ich anpackte, ging schief und ich dachte, die ganze Welt hätte sich gegen mich verschworen. Und so gerne ich dir jetzt sagen würde, dass das Schicksal manchmal einfach ein mieser Verräter sein kann, so gerne ich dir jetzt sagen würde, dass wir bei vielen Situationen einfach machtlos sind – ich kann es dir nicht sagen. Weil es nicht stimmt.

Denn es waren nicht die anderen oder das Schicksal, die sich gegen mich verschworen haben. Die Einzige, die sich gegen mich verschworen hatte, war ich selbst. Ich ließ einfach nicht zu, dass sich mein Leben zum Guten veränderte. Ich stand mir selbst im Weg, ohne es zu wissen. Die Befreiung aus diesem Gefängnis, das ich mir selbst gebaut hatte, war meine Pleite. So verrückt sich das anhören mag, aber eine der schlimmsten Phasen in meinem Leben hat mich befreit. Sie hat mir die Augen geöffnet.

Lass mich dir erzählen, wie es zu all dem gekommen ist.

Eigentlich lief alles super. Ich war erfolgreich im Vertrieb, verdiente viel Geld und dachte, ich hätte es geschafft. Dann kam auf einmal meine Provision nicht mehr, das heißt: ich bekam mein Geld nicht für meine Abschlüsse. Ich wurde vertröstet und arbeitete weiter. Im zweiten Monat das gleiche. Kein Geld. Ich wurde wieder hingehalten, bekam einen kleinen Abschlag und arbeitete weiter. Wenn du jetzt sagst, »Aber Katja, wie kann man so blöd sein und da noch weiterarbeiten?«, dann verstehe ich das. Heute würde ich genauso denken. Damals habe ich nicht nachgedacht, ich habe nur gehandelt. Ich wollte diesen Schmerz der Pleite unbedingt vermeiden. Ich hatte solche Angst, dass ich, wenn ich das Unternehmen verlassen würde, mein Geld nie bekommen würde, also arbeitete ich weiter. Anstatt die Konsequenzen zu ziehen und aus dem Hamsterrad auszusteigen, blieb ich drin und rannte immer schneller. Ich dachte, je besser ich wäre, je mehr Umsatz ich machte, umso weniger würde mein Chef auf mich verzichten können und mich bezahlen. Pustekuchen.

Wenn du im Hamsterrad unterwegs bist und in die falsche Richtung rennst, kommst du nur schneller zum Abgrund. Und genau da landete ich. Nach sieben Monaten war es vorbei mit dem Vertrösten und mir war klar: Mein Geld ist weg. Das Unternehmen war pleite und ich drohte, hinterher zu rutschen.

Aber das wollte ich nicht zulassen. Ich und pleite, das würde mir nie passieren. Welch eine Schmach. Ich versuchte alles, um das zu verhindern, aber es half nichts. Es kam, wie es kommen musste: Ich scheiterte und war pleite. Doch das war erst der Anfang. Das, was nach der Pleite kam, war noch viel schlimmer als die Pleite selbst. Ich sah keinen Sinn mehr in meinem Leben. Ich hatte keine Idee, wie ich jemals meine Schulden zurückbezahlen sollte. Ich hatte keine Rücklagen, all mein Geld war in der Firma gewesen und jetzt war alles weg. Mein Geld, meine Wohnung, mein Auto, mein Stolz und ein Großteil meiner »Freunde«. Meine Zukunft war ein Trümmerhaufen und ich sah kein Licht mehr, egal wohin ich blickte. Ich haderte mit meinem Schicksal, bedauerte mich selbst und machte es damit von Tag zu Tag schlimmer. Ich ritt mich immer weiter hinein in meine Misere. Ich *wollte* leiden und tat es.

Bis zu dem Tag, an dem ich mich so vor mir selbst schämte, so dafür schämte, dass ich aufgegeben hatte, mich dafür schämte, dass ich mich so hatte gehenlassen, dass ich aus tiefstem Herzen eine Entscheidung fällte. Ich entschied mich, die jammernde, das Schicksal verfluchende Katja zu begraben und mein Leben völlig neu zu beginnen.

Ich entschied mich, meine Vergangenheit endlich zu akzeptieren; zu akzeptieren, dass ich gescheitert war und endlich nicht mehr gegen diese Schmach anzukämpfen. Ich entschied mich, meine Vergangenheit in Frieden hinter mir zu lassen und endlich wieder nur nach vorn zu gucken, in meine Zukunft. Ich hatte zwar keine Ahnung, wie das »Vorne« genau aussehen sollte, aber ich war bereit, mich auf alles einzulassen. Und mit einem Mal ging es wieder bergauf. Die Zeiten, in denen ich das Gefühl hatte, nur gegen Windmühlen zu kämpfen, waren vorbei. Nicht, weil keine Windmühlen mehr da waren, sondern weil ich sie nicht mehr suchte. Nicht die Umstände hatten sich geändert, ich hatte mich geändert. Und genau das ist der Schlüssel, wenn wir etwas verändern wollen: Wir müssen bereit sein, uns selbst zu ändern.

Mit mir hatte sich auch mein Schmerz geändert. Auf einmal bestand der Schmerz nicht mehr darin, in eine neue, unsichere Zukunft zu gehen, sondern darin, in der bestehenden Gegenwart zu bleiben.

Wenn du deine Bewertung änderst, änderst du die Richtung, in die du läufst. Solange eine Kündigung, eine Pleite, ein Fehler mit Schmerz besetzt ist, wirst du alles tun, um das zu vermeiden. Wer aber hindert dich daran, deine Bewertung zu verändern und dir bewusst zu machen, dass nicht der mögliche Fehler die Gefahr ist, sondern die wirkliche Gefahr ist, keinen Fehler zu machen, weil du so immer unter deinen Möglichkeiten bleiben wirst? Wer hindert dich daran, eine mögliche Kündigung nicht als Schmach zu sehen, sondern als Chance, die es zu nutzen gilt?

## Veränderung ist der Schlüssel

Solange du dich nicht veränderst, solange du deine Bewertungen und deine Muster nicht veränderst, wird und kann sich dein Leben nicht verändern.

Wenn ich heute das Gleiche mache wie in den letzten Jahren, werde ich mit hoher Wahrscheinlichkeit das gleiche Ergebnis erzielen wie in den letzten Jahren. Und auch das nur, wenn alles konstant bleibt. In dem Moment, in dem sich unsere Umwelt ändert, funktioniert auch das nicht mehr. Wenn sich die Welt verändert, müssen wir uns mitverändern.

Schwenken wir doch einmal zurück in die Zeit vor zwanzig Jahren. Da sah die Welt noch völlig anders aus. Es gab kein Facebook. Wir hatten kein iPhone, kein Mensch wusste, was Instagram ist und dass das Videoportal YouTube einmal das neue Fernsehen sein würde, konnte sich keiner vorstellen. Wir haben noch Faxgeräte benutzt und Briefe geschrieben, Beziehungen haben wir persönlich beendet und nicht via WhatsApp, und wenn wir irgendwo hinwollten, dann haben wir den Faltplan aufgeschlagen, statt unseren Zielort bei Google Maps einzugeben. Social Media steckte noch in den Kinderschuhen und nach neuen Kunden haben wir im Telefonbuch gesucht. Wenn sich die Dinge so grundlegend ändern, dann können doch wir Menschen nicht gleichbleiben und glauben, so wie wir es gestern gelernt haben, wird es heute noch funktionieren.

So einfach es sich anhört, Veränderung ist für die meisten von uns eine riesige Herausforderung. Wir sind von Natur aus Gewohnheitstiere und auf Sicherheit bedacht. Wir wollen auf unsere Erfahrungen zurückgreifen und mit irgendwelchen neuen Dingen keinen Tiefschlag erleben. Doch so erreichen wir niemals unsere Träume oder ein lebenswertes Leben. In diesem »Bewahrerstatus« werden wir nie wirklich glücklich, erfüllt und (finanziell) frei sein können.

Es gibt ein Signal, das uns anzeigt, wann wir uns wieder verändern sollten. Immer dann, wenn uns Dinge extrem schwerfallen, wenn wir das Gefühl haben, alles und jeder ist wieder gegen uns und nichts funktioniert, dann ist es an der Zeit, das Hamsterrad zu stoppen und zu prüfen, ob wir lieber aussteigen und in eine andere Richtung laufen wollen.

## Erfinde dich neu, immer wieder!

Wir selbst hindern uns an unserer Veränderung. Besser gesagt das Bild, das wir von uns haben. Jeder von uns hat sein eigenes Bild von sich, das er sich im Laufe seines Lebens von sich aufgebaut hat. Er sieht sich so, wie er glaubt zu sein.

An diesem Bild von uns halten wir fest. Wir können uns gar nicht vorstellen, dass wir auch anders sein können. Wenn wir jahrelang ein Sportmuffel waren, können wir uns gar nicht vorstellen, dass wir es sind, der plötzlich eine Stunde früher als sonst aus dem Bett springt, um begeistert ins Fitnessstudio zu gehen und zu trainieren. Wenn wir jahrelang damit zugebracht haben, jeden Cent dreimal umzudrehen und grade mal mühevoll unsere Verpflichtungen bezahlen konnten, können wir uns gar nicht vorstellen, plötzlich Millionär zu sein und Geld im Überfluss zu haben. Und damit haben wir den Salat. Denn wenn wir es uns nicht vorstellen können, wie können wir dann motiviert sein, uns zu verändern und dieses Zielbild zu erreichen?

Als ich pleiteging, hatte ich ein völlig anderes Bild von mir als heute. So heftig es sich aus heutiger Sicht anhört, aber es gab Phasen, da hasste ich mich und mein Leben. Ich kam mir vor, wie in einer Sackgasse, aus der es keinen Ausweg gab. Ich steckte nicht nur mental fest, sondern auch körperlich. Ich hatte mich mittlerweile von Kleidergröße 38 auf Kleidergröße 44/46 hochgearbeitet und egal, was ich versuchte, ich wurde immer dicker und dicker. Je mehr ich versuchte, abzunehmen, umso schlimmer wurde es. Das Ganze war wie ein Teufelskreis. Irgendwann war ich davon überzeugt: Ich kann machen, was ich will, nichts wird funktionieren. Ich suchte nach Begründungen, schließlich wollte ich nicht schon wieder der Loser sein. Also waren meine Gene schuld, mein Stresslevel, mein Stoffwechsel. Ich fand mich damit ab, zum Dicksein verdammt zu sein, auf immer und ewig.

Heute weiß ich: Ich habe an der falschen Stellschraube gedreht. Ich habe versucht, etwas zu erreichen, das ich mir nicht vorstellen konnte. An das ich nicht zu 100% geglaubt habe. Wenn ich in den Spiegel geguckt habe, habe ich ein Pummelchen gesehen, das krampfhaft versucht, abzunehmen. Ich sah mich als die dicke gescheiterte Frau, die keine Chance hat, dünn zu sein. Ich konnte mir mich in dünn und sportlich gar nicht vorstellen. Hätte mir jemand damals ein Bild von mir heute gezeigt, ich hätte ihm nicht geglaubt.

Wenn wir nicht bereit sind, uns von den alten Bildern, die wir von uns haben, zu lösen, um neue Bilder zu schaffen, um Seiten an uns zu entdecken, von denen wir bis dato noch nicht einmal wussten, dass sie da sind, und wenn wir nicht bereit sind, uns immer wieder neu zu erfinden, dann werden wir nie das Leben führen, das wir wirklich führen wollen. Dann schaffen wir uns keine begehrenswerte Zukunft, sondern wir vegetieren in unserer ungeliebten Vergangenheit vor uns hin. Dann werden wir nie der Busfahrer in unserem Leben sein, sondern immer nur der Passagier. Dann hilft es auch nichts, wenn wir ackern, ackern und nochmals ackern. Das Einzige, was wir damit erreichen ist, dass wir das Gefühl haben, alles um uns herum wird zum Martyrium und verdammt anstrengend. Das machen wir ein paar Jahre und irgendwann brennen wir aus. Nicht *mehr ackern* ist die Lösung, sondern *anders denken*.

Solange ich mir nicht vorstellen konnte, dass es mich wieder in Größe 38 und sportlich geben könnte, war jede Couch mächtiger als das Fitnessstudio. Aber von dem Moment an, als ich mein Bild von mir geändert habe, hat mich meine Couch nicht mehr interessiert. Auf einmal habe ich nur noch das neue Bild von mir gesehen. Da wollte ich hin. Und ehe ich mich versah, war ich auf dem Weg ins Fitnessstudio. Nicht, weil ich sollte, sondern weil ich es aus tiefstem Herzen wollte.

Wenn du dich jetzt fragst, wie ich den Schwenk hinbekommen habe, wie ich dieses neue Bild von mir erschaffen habe, dann ist hier die Antwort: Ich habe meine Glaubenssätze aufgelöst.

Ich habe meinen alten Glaubenssatz, *Katja, du bist dick und kannst nichts dagegen machen*, in die Mülltonne geworfen. Stattdessen sagte ich täglich zu mir: Katja, du bist schön. Du kannst den Körper haben, den du dir wünschst. Du bist sportlich und achtest auf dich und deinen Körper. Ich habe meine Vorstellung von mir geändert und damit meine Realität.

Zwischen einer neuen und einer alten Realität liegen immer nur ein anderes Mindset, andere Gedanken. Wenn wir bis heute dachten, dass wir nicht präsentieren können, dass wir nicht verkaufen können, dass wir zu schüchtern sind, zu ängstlich oder sonst irgendwas, dann ist das nicht das, *was wir sind,* sondern das, was wir bis jetzt *glaubten, zu sein*.

Wenn du ab jetzt in ein neues Leben starten willst, dann trenne dich von alten Sichtweisen, die du nicht mehr in deinem Leben haben willst. Wirf alte Bilder von dir in die Mülltonne, die du nicht mehr brauchst. Mach dir als erstes bewusst, woran du glaubst, wovon du überzeugt bist, und frage dich dann, ob du diese Dinge weiter glauben willst?

## Tschakka, du schaffst es!

Wie ändern wir jetzt unser Mindset so, dass es uns nicht mehr einschränkt, sondern antreibt? Wie schaffen wir es von einem Unterlasser- zu einem Macher-Mindset?

Die Einstellung »Alles ist möglich!« ist eine Art, an die Dinge heranzugehen. Die Amerikaner lieben diesen Weg. Du musst es nur glauben und schon wird es geschehen. Ich habe das ausprobiert, und es hat nicht funktioniert, wie bei dutzenden anderen auch nicht. So gern ich es dir sagen würde, aber positiver Glaube allein reicht nicht aus. Wir müssen glauben – *und* handeln!

In dem Moment, in dem wir bereit sind, unser Bild von uns zu ändern und uns zum Beispiel als eloquenten Vortragenden sehen, als Nummer 1 in unserem Zielmarkt, als Spitzenverkäufer, ist der Weg dorthin nur noch kurz, aber wir müssen ihn *gehen*.

Mich nur als erfolgreiche Gründerin eines Start-ups zu sehen, reicht nicht. Ich muss auch den Preis für diese Selbstständigkeit zahlen wollen. So viele Menschen kommen zu mir und wollen ihr Leben verändern. Sie wollen jemand *anderes sein*. Aber nur wenige von ihnen sind auch bereit, jemand *anderes zu werden*. Wie ist das mit dir? Willst du nur mehr erreichen oder bist du auch bereit, mehr dafür zu tun?

**Macher-Regel Nr. 5**

**Macher bleiben nie stehen.
Sie erfinden sich immer wieder neu!**

## Macher-Box

Einer der Gründe, warum es uns so schwerfällt, alte Rollenbilder und Verhaltensmuster loszulassen, ist die Tatsache, dass wir uns dann eingestehen müssen, dass wir unser Schicksal selbst in der Hand haben. Dass wir dann zugeben müssen, dass es gar nicht der Markt, die Konkurrenz oder das Schicksal ist, der/die/das uns unseren Erfolg so schwer macht, sondern dass wir uns selbst im Weg stehen. Und – das ist noch schwerer zu akzeptieren – dass wir uns eingestehen müssen, dass wir es vielleicht schon viel früher hätten ändern können. Aber das stimmt nicht. Alles hat seine Zeit im Leben, und es macht keinen Sinn, der Vergangenheit nachzuweinen. Wichtig ist die Zukunft. Und mit der befassen wir uns jetzt.

Wenn du dein (berufliches) Leben bis jetzt beschreiben solltest, was würdest du sagen? Angenommen, du müsstest deinen Istzustand auf einer Skala von 0 bis 10 beschreiben (0 ist der Sprung aus dem Fenster, 10 ist der Sprung an die Decke), wo siehst du dich?

Wenn du dich unterhalb der 7 siehst, woran liegt das?

Wo möchtest du in Zukunft stehen?

Was wirst du künftig ändern, um der 10 näherzukommen?

Kapitel 7

# UND TSCHÜSS, ERFAHRUNGEN!

»Ich kann das nicht, ich habe da keine Erfahrungen.« Wie oft höre ich diese Aussage und denke bei mir: beste Voraussetzungen!

Was meinst du, wie wichtig sind Erfahrungen für deinen Erfolg? Sitzen die Menschen, die mehr Erfahrungen haben, weiter vorn im Bus? Spontan stimmst du wahrscheinlich zu, und natürlich ist es gut, Erfahrungen zu haben. Wenn ich zum Beispiel einmal eine Herdplatte angefasst habe, die auf höchster Stufe eingestellt ist, dann muss ich diese Erfahrung kein zweites Mal haben. Was aber, wenn ich die Erfahrung gemacht habe, dass ich immer wieder scheitere, wenn ich etwas Neues versuche oder die Akquise unangenehm bleibt, weil keiner mit mir einen Termin machen will? Wie weit bringen mich solche Erfahrungen in dem Moment, indem ich etwas Neues beginne?

Erfahrungen können uns helfen, aber sie können uns auch im Weg stehen. Die Kunst ist es, Erfahrungen bewusst so zu nutzen, dass sie uns nach vorn bringen und uns nicht im Weg stehen.

Dummerweise hinterfragen wir unsere Erfahrungen in der Regel nicht. Wir speichern das in der Vergangenheit Erlebte als wertvolle Erfahrung ab und projizieren diese so gefundene »Wahrheit« auf unsere Zukunft. So kommt es, dass wir uns im Laufe unseres Lebens vermeintliche seherische Fähigkeiten aneignen. Wir haben Erfahrungen gemacht und bilden uns ein, dass wir aufgrund dieser Erfahrungen wissen, was passiert.

Diese »seherische Gabe« erlebe ich unter anderem immer wieder sehr eindrucksvoll, wenn ich Verkaufstrainings gebe. Ein Unternehmen führt ein neues Produkt ein, und nun geht es darum, dieses Produkt an die Kunden zu bringen. Du glaubst nicht, wie oft ich von den Verkäufern höre: »Dieses Produkt kauft mein Kunde nicht.« Wenn ich dann nachhake: »Woher weißt du das? Hast du es mal versucht?«, antworten die meisten wie aus der Pistole geschossen: »Nein, das brauche ich auch nicht. Das weiß ich auch so. Schließlich kenne ich meinen Kunden.« Wumms! Mit dieser Haltung schießen wir uns erfolgreich selbst aus dem Rennen. Da werten und entscheiden wir für unseren Kunden und geben ihm nicht einmal die Chance, Nein oder auch Ja zu sagen. Verkäufer, die noch nicht so lange dabei sind, die also diesen »Erfahrungsschatz« nicht haben, gehen da völlig anders heran. Sie versuchen es einfach – und holen sich oft den Umsatz. So ist das in vielen Bereichen. Wir versuchen es aufgrund unserer Erfahrungen nicht einmal mehr. Wie soll es dann funktionieren?

## Realität, was ist das?

Wie ist das bei dir, würdest du gern eine Million Euro verdienen im nächsten Jahr? Oder die zweite obendrauf, falls du die erste schon gesichert hast?

Stelle ich diese Frage in meinen Vorträgen, kommt plötzlich Bewegung in den Saal. Alle lachen, rufen »Ja klar!« Fast jeder meldet sich. Danach stelle ich dann eine zweite Frage: »Kannst du dir realistisch vorstellen, dass du diese Million auch wirklich bekommst? Hand aufs Herz, glaubst du zu 100 % daran?« Auf einmal wird es ruhiger. Die Euphorie lässt nach, weil die Vorstellungskraft vieler dann doch nicht ausreicht. Und das ist der Haken an der Sache. Was passiert, wenn du einerseits von 1 Million Euro träumst und dir andererseits nicht vorstellen kannst, dass du sie bekommst?

Stehst du dann morgen früh völlig motiviert auf und denkst: Was hat die Porsch da geschrieben? Ich und eine Million? Glaube ich zwar nicht, aber ich lege trotzdem mal los. Vermutlich nicht!

Wenn ich mir etwas nicht vorstellen kann, wenn ich an etwas nicht glaube, dann versuche ich es in der Regel nicht einmal. Und selbst wenn ich es versuche – beim ersten Gegenwind (und der kommt, versprochen!) – stehst du da und denkst: *Wusste ich doch, dass das nicht funktioniert mit der Million. Habe ich ja gleich gesagt. Alles Hirngespinste.* Du lässt es bleiben.

Wenn du jetzt denkst, 1 Million, das ist doch auch für die meisten nicht realistisch. Dann frage ich dich: Woher weißt du das? Wir haben keine begrenzte Menge an Geld auf der Welt. Wir haben nur eine begrenzte Verteilung. 1% der Deutschen besitzen 2/3 des Gesamtvermögens, 10% besitzen die Hälfte. Das Geld ist da, nur noch nicht bei dir.

Ich und eine Million? Oft steht uns nur eine einzige Frage im Weg: Wie soll das gehen? Diese Frage wird, so gut es geht, von uns unterfüttert: Mit meinem Job? Bei meinem jetzigen Gehalt? In meiner Firma? Wir denken darüber nach und stellen aufgrund unserer Erfahrungen fest: Das kann nicht geht. Das ist doch gar nicht realistisch! Natürlich ist es nicht realistisch, du hast es ja noch nie erfahren oder gemacht.

Wenn wir uns fragen, wie das gehen soll, dann tun wir das in der Regel aus einer vergangenheitsbezogenen Sichtweise heraus. Wir transportieren unsere Erfahrungen aus der Vergangenheit in die Zukunft: Wenn es doch schon die letzten zehn Jahre nicht funktioniert hat mit der Million, dann kann das doch auch im nächsten Jahr nicht plötzlich gehen, denken wir uns. Es wird auch nicht gehen, wenn wir nichts ändern. Wer hindert dich daran, deinen Weg zu verändern?

Wer entscheidet, was realistisch ist? Überleg mal: Ist deine Realität die gleiche Realität wie die deines Partners? Oder deines Chefs? Oder Bill Gates? Oder wie meine?

Ich habe irgendwann verstanden, dass es keine universelle Realität gibt. Nur, weil etwas für dich nicht realistisch ist, heißt das nicht, dass es das nicht gibt. Wenn es auch nur einen Menschen auf dieser Erde gibt, der das, was du vorhast, erreicht hat, ist es realistisch.

Mit fünfundzwanzig Jahren hatte ich meinen ersten Porsche. Ist das realistisch? Für mich ja, für viele andere nicht. Mit Anfang dreißig war ich das erste Mal pleite. Ist das realistisch? Für mich ja, für andere nicht. Realität ist nicht das, was da ist, Realität ist das, was wir uns vorstellen können. Für den einen ist 1 Million Euro zu besitzen realistisch, für den anderen nicht. Die Frage ist also nicht, ob jemand 1 Million Euro bekommen kann, sondern wer sie bekommt.

Als ich mit meinen Verkaufstrainings startete und Verkäufern aus Immobilienvertrieben erzählte, dass meine Quoten bei 1:2 lagen, haben sie mich angeguckt, als ob ich ihnen erzählt hätte, ich werde die nächste Bundeskanzlerin. Sie konnten es sich nicht vorstellen. Für sie war eine Quote von 1:8 normal, das war ihre Realität. Hätten sie sich zumindest vorstellen können, dass diese Quoten machbar sind, dann hätten sie sich auch mit der Frage auseinandersetzen können, was ich wohl anders gemacht habe und wie sie diese erreichen könnten. Etwas kann erst dann Realität werden, wenn wir bereit sind, eine neue Erfahrung zu machen. Und hier haben wir das Dilemma. Genau hier stehen wir uns immer wieder im Weg. Wir wollen etwas Neues erreichen, und suchen in der Vergangenheit den Beweis, dass es geht. Wir finden ihn nicht und lassen es sein, anstatt eine neue Erfahrung zu machen und damit einen neuen Beweis zu liefern. Doch es gibt einen Weg aus diesem Dilemma heraus. Suche den Beweis nicht in der Vergangenheit, suche ihn in der Zukunft.

Ein Grund, warum es uns so schwerfällt, von alten Erfahrungen loszulassen ist, dass wir uns dann eventuell eingestehen müssten, in der Vergangenheit nicht alles aus uns und unserem Leben herausgeholt zu haben. Und wir müssten uns eingestehen, dass wir es in der Hand haben, unser Leben zu verändern und niemand sonst.

Auf einmal haben wir die Verantwortung, ob wir Millionär werden oder nicht. Wir können die Verantwortung nicht mehr abgeben, können Schuldige nicht mehr im Außen suchen, sondern werden auf uns selbst zurückgeworfen. Dafür sitzen wir jetzt aber vorn im Bus. Und nur wer vorn sitzt, bekommt 1 Million.

Übrigens: Du kannst die Million natürlich durch dein Zielbild ersetzen, also durch das, was du gerne erreichen möchtest. Vielleicht ist es der Seelenfrieden mit dir und deinem Leben, die Umsatzverdoppelung, die Weltumsegelung, das eigene Unternehmen, oder was du sonst erreichen möchtest.

Damit du dir deine ab jetzt neue Realität auch wirklich vorstellen und dir zu eigen machen kannst, helfen dir zwei Fragen. Die eine Frage stellst du dir bitte ab heute nicht (mehr). Nämlich die Frage: Wie soll das gehen? Mit dieser Frage katapultierst du dich immer wieder in deine Vergangenheit zurück und projizierst schlechte Erfahrungen in die Zukunft. Du veränderst nichts, du bewahrst. Stelle dir stattdessen eine andere Frage: Wie soll mein zukünftiges Leben aussehen? Stelle dir zusätzlich Fragen wie: Wer möchte ich gern sein in meiner Zukunft? Was kann ich jetzt tun, um neue Erfahrungen zu machen? Versetze dich zu 100% in deine neue Realität und male dir mit all deinen Sinnen aus, wie es sich anfühlt, wenn du sie erreicht hast. Denke immer daran, dein Handeln folgt immer deinem Fokus. Je intensiver du dich selbst in deiner neuen Realität vorstellst, umso einfacher und schneller wirst du sie erreichen.

**Macher-Regel Nr. 6**

**Macher scheitern nicht an der Realität, sie erschaffen sich ihre eigene Realität!**

## Macher-Box

**Woran glaubst du?**

Ich kann mich noch gut daran erinnern, wie ich das erste Mal telefoniert habe. Nachdem ich mir gefühlt 100 Neins eingefangen hatte, schmolz mein Glaube, dass ich es jemals schaffen würde, dahin. Und das ist normal. Wenn wir immer wieder die gleiche Erfahrung machen, wenn wir immer wieder die gleichen Gedanken denken, werden sie für uns irgendwann zur Realität. Wir denken, dass es so ist, dass es so sein muss und nicht anders. Wir schaffen uns quasi unsere eigene Wirklichkeit, an die wir glauben. Und unsere Glaubenssätze werden für uns zur Realität. Es ist aber eben nur unsere Realität. Mein Glück war es, dass es um mich herum genug andere gab, die Termine gemacht haben. Das hat mir gezeigt: Okay, es ist machbar, nur noch nicht für mich. Und der einzige Weg war, daran zu arbeiten, dass es auch für mich machbar wird. Ich musste weiter daran glauben und es einfach machen. Und das habe ich getan. Mit Erfolg. Wenn du also gerade dabei bist, den Glauben an etwas zu verlieren, dann suche nach Menschen – und damit nach Beweisen und Beispielen –, die diesen Weg schon erfolgreich gegangen sind. Oft befinden sich diese Menschen nicht in deinem nahen Umfeld und es dauert etwas, bis du sie gefunden hast, aber ich verspreche dir: Du wirst sie finden, und die Suche lohnt sich.

Was ist deine Wirklichkeit bezogen auf deine aktuelle Tätigkeit/deinen Job/dein Unternehmen? Wovon bist du überzeugt? Was ist der Grund, warum du jetzt da bist, wo du bist?

Was glaubst du, was ist das Maximum, das du verdienen kannst?

## Macher-Box

Warum glaubst du das?

Was glaubst du, was kannst du in deinem Business erreichen und wo sind die Grenzen?

Warum glaubst du das?

Schaue dir deine Antworten jetzt noch einmal vor dem Hintergrund folgender Fragestellungen an:

Gibt es Menschen, die es anders sehen?

Was kannst du von ihnen lernen?

Kapitel 8

# MACH, WAS DU WILLST!

»Katja, du hast so ein tolles Leben. Ständig unterwegs, die großen Bühnen, die schönen Hotels, die Klamotten. Ein Haus in den Hollywood Hills. Da hast du echt Glück gehabt. So ein Leben möchte ich auch haben.« Aussagen wie diese höre ich immer wieder. Die gute Nachricht ist: All das, was ich habe, ist kein Ergebnis von Glück. Ebenso wenig wie meine Pleite Pech war. All das, was wir haben oder nicht haben, ist das Ergebnis von unserem Denken und Handeln. Und vielleicht regt sich jetzt spontan Widerstand in dir und du denkst: Das stimmt doch gar nicht. Wenn mein Unternehmen schließen muss und ich gekündigt werde, dann ist das Pech und nicht das Ergebnis von meinem Handeln und Denken. Stimmt, du hast Recht. Das ist Pech. Und es ist Glück. Wenn du die Chance nutzt, und das Beste aus der Situation machst. Wer sagt, dass das, was nach der Kündigung kommt, nicht viel besser ist als das, was vorher da war? Es ist Fakt: Mein Leben heute hat in einer totalen Katastrophe, in meiner Pleite, begonnen. Im Nachhinein war es meine Pleite, aber kein Pech, sie war mein Glück, denn ich wurde endlich aus meinem Hamsterrad herauskatapultiert.

Ist dir mal aufgefallen, dass wir bei anderen Menschen meist das sehen, was wir nicht haben und vielleicht gerne hätten? Je nach Naturell inspiriert oder frustriert uns der Erfolg anderer oder erweckt sogar unseren Neid. Die Frage ist doch aber: Wer hält uns davon ab, genau das Gleiche zu erreichen? Wer verbietet es uns? Außer unsere eigene Vorstellung und unser vielleicht noch fehlender Mut und Glaube? Hättest du mir vor acht Jahren gesagt, dass ich einmal das Leben führen werde, das ich heute führe, dann hätte ich dir einen Vogel gezeigt. Heute vor ziemlich genau acht Jahren bin ich mit einem gemieteten Sprinter, beladen mit zehn Umzugskisten, in denen mein Leben verstaut war, ins Sauerland gefahren und hatte keine Idee, wie meine Zukunft aussehen wird. Ich war zum zweiten Mal pleite und zum zweiten Mal wiederholten sich die Dinge: kein Geld, keine Wohnung, kein Selbstvertrauen und keinen Job mehr, nur noch Schulden. Falls du dich jetzt fragst: Wie kann man denn zweimal pleitegehen? Dann kann ich dir nur antworten: Ich habe versucht, mein Leben zu retten. Nach meiner ersten Pleite habe ich genauso weitergemacht wie davor. Ich habe weiter Immobilien verkauft, nur für ein anderes Unternehmen. Ich habe weiter sieben Tage die Woche gearbeitet und versucht, meine ganzen Schulden zurückzuzahlen. Da bekam ich ein Angebot eines Geschäftspartners, ob ich mit ihm zusammen ein eigenes Immobilienunternehmen aufbauen wollte. Und ich wollte. Das war für mich der Sprung der selbstständigen Handelsvertreterin in das Unternehmertum. Ich stieg in sein Unternehmen ein, und er zog sich immer mehr zurück. Irgendwann war ich allein verantwortlich für das Unternehmen, den Umsatz und den Vertrieb. Ich brauchte mich auf, aber ich schaffte es allein nicht. Als dann noch Außenstände dazukamen, die immer höher wurden und Schulden aus der Vergangenheit meines Partners, für die ich nun geradestehen musste, war es vorbei. Ich scheiterte zum zweiten Mal in meinem Leben. Wie habe ich mich geschämt. Ich wollte damals nur noch weg von allem. Raus aus Berlin. Weg von den Erinnerungen. Weg von der Schmach. Also saß ich in besagtem Sprinter und hatte keine Idee, wie mein Leben weitergehen sollte.

Jetzt stell dir vor, wir hätten uns zu dieser Zeit getroffen und du hättest mich gefragt: »Sag mal, Katja, hast du mal darüber nachgedacht, dir in Hollywood ein Haus zu kaufen und als Speaker durch die Welt zu reisen?« Ich hätte dir nicht nur *einen* Vogel gezeigt.

Doch ich habe genau das geschafft. Und ich möchte dir erzählen, wie und vor allem warum ich es geschafft habe. Mein Aufenthalt im Sauerland war von kurzer Dauer. Der einzige Grund, dass ich dorthin gegangen bin, war, neben meinem Bedürfnis zu flüchten, dass dort ein Vertrieb ansässig war, der trotz meiner beruflichen Misere mit mir arbeiten wollte. Ich schöpfte also wieder etwas Hoffnung. Doch sie war nur von kurzer Dauer, denn ich hatte eines nicht bedacht: Du kannst bis ans Ende der Welt reisen, du nimmst dich immer mit. Du kannst vor vielem fliehen, aber niemals vor dir und deinen Gedanken. So saß ich also im Sauerland und war todunglücklich. Ich wollte weder im Sauerland leben, noch wollte ich weiter Immobilien verkaufen. Ich wollte dieses Leben nicht mehr, aber ich dachte, ich muss da durch. Ich muss wieder Geld verdienen, ich muss wieder auf die Füße kommen. Mein ganzes Leben war nur noch ein einziges *Müssen*. Und genau das war das Problem. Immer, wenn wir etwas müssen, sind wir alles – aber niemals richtig gut. Und schon gar nicht glücklich.

## Warum stehst du morgens auf?

Stelle ich meinen Teilnehmern diese Frage, kommt nicht selten die Antwort: »Na, weil der Wecker klingelt.« Und so spaßig sich das anhören mag, es ist tatsächlich traurig. Wie viele Menschen stehen wirklich nur deswegen auf, weil der Wecker klingelt. Weil sie Geld verdienen *müssen*, weil sie zur Arbeit gehen *müssen*, weil sie ihre Miete bezahlen *müssen*. Aber haben wir von einem Leben aus reiner Verpflichtung geträumt?

Wann immer wir etwas *müssen*, schaltet unser Instinkt auf Widerstand. Mit einem Mal ist alles verdammt anstrengend und deshalb zum Scheitern verurteilt.

Stell dir vor, ein Kind wird von seinen Eltern dazu verdonnert, jeden Tag Geige zu spielen, weil sie aus ihm einen zweiten David Garrett machen wollen. Die Eltern *wollen*, nur das arme Kind nicht. Es *muss*. Wie groß ist die Chance, dass es jemals ein berühmter

Geiger wird? Und wie mag es diesem Kind gehen, wenn es jeden Tag üben muss?

Als ich im Sauerland festhing, schaffte ich es trotz meines Frustes und des *Müssens* tatsächlich noch, im ersten Monat eine Immobilie zu verkaufen. Doch als ich vom Notar nach Hause fuhr, wusste ich: Das war die letzte Wohnung, die du jemals in deinem Leben verkauft hast. Ich wollte nicht mehr. Ich wollte nicht einen Großteil meines Lebens mit etwas verbringen, dass ich gar nicht wollte. Ich wollte meinen Weg neu finden und ich wollte mich selbst finden. Ich wollte endlich wieder leben und nicht mehr nur funktionieren. Und ich hatte einen Vorteil: Ich spürte zu dieser Zeit das erste Mal in meinem Leben keine Angst mehr. Weil ich bereits alles verloren hatte, brauchte ich keine Angst mehr davor haben, etwas zu verlieren. Ich hatte auch keine Angst mehr, dass etwas schiefgehen könnte. Es war schon alles schiefgegangen. In dieser Lebenslage habe ich eine Sache begriffen: Wenn du keine Angst mehr hast, bist du frei. Diese Freiheit habe ich genutzt. Das erste Mal in meinem Leben nahm ich mir Zeit nur für mich, meine Träume und meine Ziele. Ich habe mich hingesetzt und mir Fragen gestellt wie:

*Wie willst du wirklich leben?*
*Was macht dich glücklich?*
*Was kannst du richtig gut?*
*Was machte dir als Kind wirklich Spaß?*
*Auf welches Leben willst du einmal zurückblicken?*

Ich habe mich nicht gefragt:

*Wie kannst du deine Miete bezahlen?*
*Womit kannst du Geld verdienen?*
*Was ist realistisch?*

Ich schickte meine Gedanken auf eine Reise in Richtung Zukunft. Indem ich meine Fragen änderte, änderten sich die Antworten, die ich bekam. Je länger ich mich mit diesen Fragen beschäftigte, umso klarer wurde mir, dass ich mich emotional schon vor einer ganzen Weile vom Immobilienverkauf verabschiedet hatte. Ich wollte es bloß lange nicht wahrhaben. Innerlich hatte ich längst gekündigt, aber ich arbeite trotzdem weiter. Ich begriff plötzlich, dass diese innere Kündigung einer der Hauptgründe für meine Pleite war. Natürlich war es schlimm, dass ich nicht mehr bezahlt wurde und zig Außenstände hatte. Auch die Rahmenbedingungen waren damals schwierig und der Markt war hart umkämpft. Aber mit einem *Wollen* statt eines *Müssens* hätte ich das alles vermutlich noch geschafft. Aber ich *wollte* schon lange nicht mehr. Auch ich bin nur noch aufgestanden, weil mein Wecker klingelte. Ich hatte das *Warum* in meinem Leben verloren und damit meine Power und mich selbst.

Jedes Mal, wenn ich mich fragte, was ich wirklich gut kann, was mir wirklich Spaß macht und welche Fußspuren ich auf dieser Welt hinterlassen will, wurde mir bewusster, was ich wirklich *wollte*. Ich *wollte* anderen Menschen dabei helfen, dass sie *ihr* Leben lebten. Dass sie nicht so wie ich viel zu lange im Hamsterrad blieben und an sich selbst vorbeilebten. Auf einmal wusste ich, was ich richtig gut konnte: zuhören und mich in andere Menschen hineinversetzen. Ich konnte andere motivieren und mitreißen. Mir fiel wieder ein, wie oft mir meine Freunde genau das gesagt hatten. Aber ich hatte dem keine Bedeutung beigemessen. Dass diese Eigenschaften eine der Hauptgründe waren, warum ich so gut im Verkauf war, wurde mir erst jetzt klar. Und ich begriff, dass ich diese Talente nicht mehr für Immobilien einsetzen wollte, sondern für andere Menschen. Ich wollte ihnen dabei helfen, das Leben zu leben, dass sie wirklich leben wollen. Und nicht das, das sie glauben, leben zu müssen. Vor allem wollte ich Ihnen dabei helfen, sich selbst und die Mechanismen, die hinter Erfolg und Scheitern wirken, zu verstehen.

So entstand langsam die Vorstellung, dass ich Coach und Rednerin werden möchte. Nach und nach fand ich mein persönliches *Warum* in meinem Leben wieder. Ich spürte neue Energie.

## Treiber oder Stopper – was siegt?

»Du musst bereit sein, den Preis zu bezahlen, Katja.« Das war einer der ersten Sätze, den ich von meinem Vertriebschef gelernt hatte. Er trichterte ihn mir so lange ein, bis ich ihn nicht mehr hören konnte. Und das ging nicht nur mir so. In sämtlichen Vertriebsorganisationen und Unternehmen flog mir früher oder später dieser Satz um die Ohren. Doch hilft mir dieser Satz, mein Ziel zu erreichen?

Stell dir vor, du denkst darüber nach, etwas völlig anderes zu machen. Oder du überlegst, ein gänzlich anderes Leben zu leben. Du hast logischerweise keine Ahnung, ob das Neue funktioniert. Du weißt nur, es kostet dich Geld und im schlimmsten Fall deine Existenz. Also zögerst du, irgendwann bist du kurz davor, alles sein zu lassen. Das Risiko ist dir einfach zu hoch. Und jetzt komme ich zu dir und sage: »Mach dir keine Gedanken, Erfolg hat seinen Preis und den musst du bezahlen. Also los!«

Bist du jetzt überzeugter? Vermutlich nicht. Wenn du Angst vor der Kaltakquise hast und auf einmal in deinem neuen Job akquirieren musst, helfen dir solche Mantras nicht.

Wir zahlen den Preis immer nur dann, wenn wir es wollen. Nicht, wenn uns jemand vorschreibt, dass wir es sollen. In dem Moment, in dem wir es *selbst* wollen, merken wir gar nicht mehr, dass wir einen Preis bezahlen. Denn dann macht es Spaß und kostet keine Überwindung mehr.

Hast du ein Hobby oder eine Sportart, die dir richtig Spaß macht? Kann es sein, dass du in der Vergangenheit den ein oder anderen Preis bezahlt hast, um das, was du tust, zu können? Um besser zu werden? Und kann es sein, dass es dir gar nicht schwergefallen ist?

Wenn wir etwas wollen, dann merken wir nicht, dass wir auch sonntags etwas für unseren Job in der nächsten Woche vorbereiten. Wenn wir aber einen Job haben, der uns nicht erfüllt, dann gehen wir innerlich auf die Barrikaden: *Was, am Sonntag arbeiten? Ich habe ein Recht auf mein Wochenende.* Vielleicht kommen dir Gedanken wie diese bekannt vor.

Worin besteht also das Glück, dass man bei erfolgreichen Menschen vermutet? In der Freiheit und in der Freude am eigenen Tun. Darin, es zu wollen und nicht zu müssen. Wenn du dein Ziel erreichen willst, wenn du zum Macher deines Lebens werden willst, dann musst du es schaffen, aus sollen *wollen* zu machen. Glück ist ein aktiver Prozess und das Ergebnis von Handeln. Mir fliegt nichts zu im Leben, sondern ich lasse es zu, dass es zu mir kommt. Und ich bin bereit, meinen Preis zu bezahlen. Ja, ich stehe auf großen Bühnen und bin in aufregenden Städten unterwegs. Doch das hat seinen Preis. Ein »normaler« Tag sieht bei mir etwas anders aus als bei vielen anderen. Mein typischer Tag läuft in etwa so ab: Berlin, Montagmorgen 4 Uhr, der Wecker klingelt. Ich packe meine Koffer. Um 6 Uhr sitze ich im Flieger nach Wien. Ich habe Glück, keiner streikt, und ich lande pünktlich. 10 Uhr Check-in im Hotel. Um Punkt 12 Uhr startet mein Coaching für Führungskräfte. Sechs Stunden später um 18 Uhr ist es zu Ende. Es geht zurück zum Flughafen. 21:15 Uhr sitze ich im Spätflieger nach Klagenfurt. Für 15 Minuten kann ich die Augen schließen. Sobald wir in der Luft sind, beginne ich mit der Vorbereitung des Workshops für den nächsten Tag. Dreißig mehr oder weniger motivierte Start-ups erwarten zu Recht, dass ich mein Bestes gebe. Am nächsten Morgen klingelt der Wecker um 6 Uhr. Aufstehen, sechzig Minuten Sport. Um 9 Uhr startet mein Workshop. Acht Stunden später um 17 Uhr ist Schluss, aber noch kein Feierabend. Es folgt ein Meeting mit allen Projektverantwortlichen, in dem wir die weiteren Schritte für das Folgeprojekt besprechen. Um 19 Uhr bin ich wieder zurück im Hotel. Kurz etwas essen, dann den Computer hochfahren und 69 Mails bearbeiten, die mittlerweile eingetrudelt sind. Um 23:30 Uhr schalte ich das Licht aus. Um 3:50 Uhr klingelt der Wecker. Um 6 Uhr fliege ich zurück nach Berlin. In Wien muss ich umsteigen. Der Flieger hat sechzig Minuten Verspätung. Ich verpasse den Anschlussflieger. Drei Stunden unfreiwilliger Aufenthalt in Wien. Ich nutze die Zeit, um die Unterlagen für den nächsten Vortrag vorzubereiten. Um 14 Uhr lande ich endlich in Berlin, wo um 16 Uhr das nächste Coachingtelefonat ansteht. Das Timing stimmt. Allerdings sind die Koffer nicht mitgekommen. Egal, weiter geht's, denn einen Kunden interessiert das nicht.

Das ist der Abriss eines ganz »normalen« Arbeitstages. Klingt verrückt, oder? Ich merke es nicht, weil ich meinen Job liebe. Weil ich es *will*. Weil ich nach meiner Pleite endlich die Antwort auf mein Warum gefunden habe. Heute weiß ich, dass es für mich nichts Schöneres gibt, als Menschen dabei zu helfen, ihren Weg zu finden und zu gehen. Ihnen dabei zu helfen, ihr Potenzial zu erkennen und zu nutzen und dabei ihre stärkste Waffe zu finden und zu nutzen: sich selbst! Ich möchte mit meiner eigenen Geschichte Mut machen, dass man sich nicht aufhalten oder abhalten lassen soll – weder von anderen Menschen noch von Schicksalsschlägen oder dem eigenen Mindset. Jeder Mensch hat das Recht und die Chance, das Beste aus seinem Leben zu machen. Jeder einzelne von uns kann zum Macher seines Lebens werden.

## Es gibt immer zwei Seiten – entscheide dich für die Richtige

Oft sehen wir immer nur die eine Seite der Medaille und blenden die andere aus. Wir sehen, wie schlecht es uns geht und vergessen, uns zu überlegen, wie es uns wieder gutgehen kann. Wir sehen, wie erfolgreich andere sind, aber vergessen, dass eben nicht alles Gold ist, was glänzt. Die Kunst ist es nun, von der einen Seite, auf der alles schwer und mühsam ist, auf die andere Seite zu kommen. Und genau dabei hilft dir dein Warum. Machst du deinen Job, weil du keine Alternative siehst, weil du Geld verdienen musst, weil du denkst, zu mehr bist du nicht geschaffen, ist jeder Gang zur Arbeit anstrengend. Machst du deinen Job, weil er dich erfüllt, weil er dich inspiriert und motiviert, kannst du es kaum erwarten, wieder zu deiner Arbeit zu gehen. Und so ist es mit allen anderen Bereichen auch. Je stärker, klarer und motivierender deine Antwort auf die Frage nach dem Warum ist, umso erfolgreicher wirst du werden und umso weniger anstrengend wird dir dein Leben vorkommen. Und umso weniger lässt du dich von irgendwelchen Hindernissen von deinem Ziel auf- oder gar abhalten.

Doch Achtung: Beim Finden unseres Warums können wir in eine Falle tappen. Egal, was wir machen, wir bewegen uns im Leben immer nur in zwei Richtungen: von etwas weg oder auf etwas zu. Wir sind entweder »weg von« oder »hin zu« motiviert. Und hier lauert eine Falle: Oft wissen wir zwar, was wir nicht (mehr) wollen bzw. wovon wir wegwollen, aber wir wissen nicht, *wohin genau* wir wollen. Wir wissen, dass wir diesen unseren ungeliebten Job nicht mehr wollen, wir wissen, dass wir unter diesen finanziellen Bedingungen nicht mehr leben wollen, wir wissen, dass wir mit diesem Idioten von Partner nicht mehr zusammenarbeiten oder zusammenleben wollen. Wir wissen ganz genau, wovon wir wegwollen. Doch wo wollen wir hin?

Wir wollen ein besseres Leben führen. Wir wollen weniger Stress im Alltag. Wir wollen mehr Anerkennung. Aber mal ehrlich, wie konkret und nachhaltig motivierend sind diese allgemeinen Wünsche?

Stell dir vor, du triffst jemanden, der sehr unglücklich ist mit seinem Business, der dir sein Leid klagt über die wenigen Kunden, über den sinkenden Umsatz, den schlechten Vertrieb und der am liebsten alles hinschmeißen würde. Und nachdem er sich darüber so richtig ausgejammert hat, fragst du ihn, was denn sein Ziel ist. Er antwortet, er möchte weniger Stress haben. Er wird es versuchen, vielleicht wird er morgens länger im Bett bleiben, Konflikten ausweichen und vieles mehr, aber ist so das Problem gelöst? Der Umsatz ist vermutlich immer noch im Keller, sein Business ist immer noch nicht das, wovon er träumt, und der Vertrieb ist genauso unmotiviert wie früher. Wenn wir nur wissen, was wir nicht mehr wollen, weichen wir nur aus. Wir sind auf der Flucht. Aber wenn wir fliehen, wie sollen wir dann ankommen?

Wenn wir einen klaren Plan haben und wissen, was wir nicht mehr wollen, dann brauchen wir einen genauso klaren, präzisen Plan, der das beinhaltet, was wir wollen.

## Raus aus der Komfortzone

Leider agieren wir oft erst dann, wenn es (fast) zu spät ist. Dann zermatern wir uns den Kopf: Warum habe ich das nicht schon früher gemacht? Wie konnte ich nur so lange zusehen? Und so weiter.

Ich musste erst pleitegehen, um zu handeln und zu wissend, wohin mein Leben gehen soll. Solange es noch irgendwie ging, bin ich brav in meinem Hamsterrad weitergelaufen und habe nur reagiert. Wichtig ist, dass dir bewusst wird, dass die schlimmsten Phasen im Leben nicht die sind, in denen wir scheitern. Meist sind das sogar die besten, weil sie uns zwingen, zu agieren. Die schlimmsten Phasen sind die Phasen, die wir unter dem Begriff »Komfortzone« zusammenfassen. Es sind Phasen des Stillstands in unserem Leben, in denen wir nicht weiterkommen. Leider verbringen viele Menschen einen Großteil ihres Lebens in diesem Stillstand. Ich habe die Komfortzone daher umgetauft in das »lebendige Sterbezimmer«. Hier, in diesem Sterbezimmer, werden all unsere Träume und Sehnsüchte lebendig begraben.

Doch es gibt einen einfachen, aber sehr wirkungsvollen Weg, um aus diesem »lebendigen Sterbezimmer« herauszukommen. Wir müssen unseren Treiber-Stopper-Quotienten im Griff haben. Hört sich etwas sperrig an, ist aber in der Praxis ganz einfach.

Es gibt Dinge im Leben, von denen wir wegwollen, und es gibt Dinge, die wir erreichen wollen. Dann gibt es Dinge, die uns auf- oder abhalten auf unserem Weg, nämlich unsere Stopper, und es gibt Dinge, die uns antreiben, unsere Treiber. Je nachdem, was überwiegt, Treiber oder Stopper, gehen wir auf die Dinge zu oder wir laufen vor/von ihnen weg.

Um dein Ziel zu erreichen, müssen deine Treiber größer sein als deine Stopper. Und spätestens jetzt merkst du, wie wichtig es ist, zu wissen, wo man hinwill. Denn wenn du nur weißt, was du nicht willst, wirst du nur die Stopper sehen, die dich darin bestätigen, dass das Ziel viel zu weit weg ist. Wenn du nur weißt, dass du so, wie du es jetzt tust, nicht mehr möchtest, wirst du nur die Hindernisse sehen, die sich dir in den Weg stellen könnten, falls du etwas anderes machen würdest. Und diese Hindernisse werden dir umso größer vorkommen, je kleiner und undefinierter dein Ziel ist. Wenn du aber einen Traum hast, den du unbedingt erreichen willst, wenn du dein Warum kennst, werden die Stopper plötzlich ganz klein, weil dein Traum immer größer sein wird. Ich merke gar nicht, dass ich morgens um 3:50 Uhr zum Flughafen fahre, weil ich nämlich endlich auf die Bühne will. Ich freue mich wie ein Kleinkind auf meine Klienten und kann es gar nicht erwarten, endlich meinen Job ausüben zu dürfen. Und damit bin ich nicht allein.

In einer fünfjährigen Studie der University of Chicago mit über 120 amerikanischen Spitzenkünstlern, Spitzensportlern und Spitzenwissenschaftlern wurde untersucht, was diese Highperformer von anderen unterscheidet. Das Schlüsselelement, das alle Spitzenstars gemeinsam hatten, war nicht ein angeborenes Talent, sondern es war ein außergewöhnlicher Antrieb und eine absolute Entschlossenheit. Beides war nicht angeboren, sondern resultierten aus dem Warum und der Vision der Teilnehmer. Sie alle hatten ihr genau umrissenes Ziel klar vor Augen. Zusätzlich wurden die Mütter dieser Überflieger gefragt, ob sich schon in der Kindheit abzeichnete, dass aus ihrem Kind mal etwas Besonderes werden würde. Das Faszinierende war, dass bei den meisten die Geschwister das größere Talent hatten. Die Supererfolgreichen hatten aber die größere Vision und somit den größeren Treiber.

Wenn du deinen Treiber-Stopper-Quotienten im Griff hast, dann hast du dich und dein Leben im Griff. Dann achtest du nicht mehr darauf, was dir im Weg steht, sondern du siehst, wo du hinwillst. Und nur dann kommst du an.

Stell dir vor, du willst abnehmen. Du weißt, dass du dich nicht mehr wohlfühlst und deinen Körper nicht mehr so haben möchtest, wie er jetzt ist. Aber es ist dir auch nicht so wirklich klar, wie du danach aussehen willst. Und eigentlich sind es ja auch eher die anderen, die dir das Gefühl geben, ein paar Pfündchen weniger würden dir besser stehen. Es ist zufällig der 1. Januar, also Neujahrstag und damit der Tag der guten Vorsätze, und du sagst dir: Dann starte ich jetzt mal und setze meinen Vorsatz in die Tat um. Was meinst du? Wie lange hältst du durch? Dem ersten Nutella-Toast widerstehst du, dem zweiten auch, aber beim dritten wirst du schwach. Deine Treiber waren nicht groß genug. Dein innerer Schweinehund war größer.

Jetzt stell dir eine andere Situation vor. Dein größter Traum ist es, auf einer Bühne zu stehen und deine Geschichte zu erzählen. Du hattest bis dato keine Ahnung, wie du das schaffen sollst, aber auf einmal ist die Gelegenheit da. Deine Chance ist zum Greifen nah. Du hast noch drei Wochen, um dich vorzubereiten. Du bist überglücklich. Da ist nur eine einzige Kleinigkeit. Du fühlst dich einfach nicht wohl in deiner Haut und würdest so gerne dein Lieblingskleidungsstück anziehen, in das du nicht mehr reinpasst. Doch du nimmst dir vor, zu deinem Auftritt wieder reinzupassen.

Du hängst dir deinen Anzug oder dein Kleid auf einen Bügel vor deinen Schrank und wirfst jeden Morgen vor dem Frühstück einen Blick drauf. Kannst du dir vorstellen, dass der Nutella-Toast auf einmal viel weniger Macht hat? Auf einmal willst du nicht mehr den Toast, du willst toll aussehen.

Wenn du nicht willst, dass deine Stopper dich immer wieder aufhalten, dann geh diese drei Schritte und aktiviere deine Treiber:

### 1. Finde dein Warum!

Warum stehst du morgens auf? Was ist es, was dich wirklich antreibt? Was willst du erreichen in deinem Leben? Was ist deine Vision, die du leben willst? Das Warum lässt dich in die richtige Richtung gehen.

### 2. Trau dich und fang an!

Es reicht nicht, dass du dein Warum kennst, du musst dich trauen, es zu leben. Oft höre ich Aussagen wie: »Ich würde ja gerne neu starten, aber in meinem Alter?« oder »Ich würde ja gerne loslegen, aber ich bin noch zu jung.«

Entweder sind wir zu alt, zu jung, noch nicht gut genug, noch nicht bereit genug und so weiter. Wir warten auf den richtigen Zeitpunkt. Vielleicht kennst du das aus deinem eigenen Leben. Je länger du wartest, umso schwerer wird es. Wenn wir Pech haben, warten wir sogar bis zum Ende unseres Lebens.

Wenn uns nicht die Umstände, wie zum Beispiel eine Pleite, zwingen, dann müssen wir uns selbst »zwingen«. Und das meine ich positiv. Ist dir schon mal aufgefallen, dass wir Menschen dazu neigen, Dinge, die mit möglichen Herausforderungen verbunden sind und die uns Angst machen, immer wieder zu verdrängen? Wir versuchen alles, um Schmerz zu vermeiden. Doch Vermeiden und Verdrängen lösen leider gar nichts. Nur weil du verdrängst, dass du schon lange unglücklich bist und dich einfach nicht traust, neu anzufangen, wirst du nicht glücklicher. Im Gegenteil. Die Lösung sieht anders aus: Verdränge nicht, sondern stelle dich. Mache dir die Konsequenzen von dem, was du angehen willst und die du bis jetzt immer verdrängt hast, klar.

Mal angenommen, du willst mit einem neuen Business durchstarten, aber dir fehlte der Mut. Du wirst nicht mutiger, indem du wartest. Je länger du wartest, umso schwieriger wird es, anzufangen. Mit diesen zwei Schritten machst du dich frei:

- **Schritt 1:** Mache dir klar, was passiert, wenn du nicht handelst. Wie wirst du dich fühlen, wenn du irgendwann mit fünfundsiebzig Jahren auf einer Parkbank sitzt, auf dein Leben zurückblickst und dir eingestehen musst, dass du deinen Traum nie gelebt hast? Was hättest du alles erreichen können? Wie hätte dein Leben verlaufen können, wenn du dich getraut hättest? Auf was musstest du alles verzichten, weil du den Weg nicht gegangen bist? Schreibe alles auf, was dir einfällt und stelle dir abschließend die Frage: Werde ich es bereuen?

- **Schritt 2:** Stell dir vor, du entscheidest dich heute für deinen Traum und gehst diesen Weg. Stell dir vor, du gibst dir heute einen Ruck, wirfst all deine Ängste und Zweifel über Bord und packst das, was du erreichen willst, auch wirklich an. Stell dir vor, du sitzt auf der gleichen Bank und blickst wieder auf dein Leben zurück, aber dieses Mal hast du deine Träume verwirklicht. Wie geht es dir jetzt? Wie fühlst du dich? Wie stolz bist du? Schreibe all das auf, worauf du stolz bist und wie sich dein Leben verändert hat. Stelle dir die Frage, auf welches der beiden Leben du zurückblicken willst? Du entscheidest heute, was du morgen erleben wirst. Denn es gibt nur einen, der für deine Erinnerungen auf der Parkbank verantwortlich ist – und das bist du.

## 3. Halte durch!

Eines kann ich dir versichern: Egal was du machst und wie gut vorbereitet du bist, es werden immer Dinge kommen, die dich von deinen Zielen abhalten. Es werden Dinge schiefgehen. Lerne, ihnen den richtigen Stellenwert zu geben. Niederlagen sind nicht dazu da, um dich aufzuhalten, sie helfen dir dabei, an dein Ziel zu kommen. Denn Niederlagen lassen dich wachsen. Tiger Woods, der begnadete Golfer, hat immer dann, wenn er eine Siegesserie hatte, eine neue Schlagtechnik ausprobiert. Er wusste, dass er damit erst einmal verlieren würde. Und das hat er auch. Er wusste aber auch, dass er, wenn er durch dieses Tal durch ist, besser sein würde als jemals zuvor. Und genau das war er. Lerne, deinen Fokus immer wieder auf das Ziel zu steuern, wenn dir Dinge um die Ohren fliegen. Frage dich nicht, warum wieder etwas nicht klappt, sondern was du daraus lernen kannst.

## Macher-Regel Nr. 7

Macher kennen ihr **Warum**.
Sie rennen ihren Träumen nicht nach, sie erfüllen sie sich!

## Macher-Box

Das, was uns immer wieder in diesen »Müssen«-Zustand bringt, ist unsere Umwelt. Ich weiß nicht, wie oft ich dachte, ich muss das und das tun, weil irgendjemand es von mir erwartet hat, weil man sich so und so verhält, weil es »normal« ist. Und ehe ich mich versah, war ich in einem Hamsterrad und bin gelaufen und gelaufen und gelaufen, bis ich nicht mehr wollte und konnte. Wir Menschen sind von unerem Naturell nun mal Gewohnheitstiere und gewöhnen uns an alles. Auch an das Müssen. Auch an Hamsterräder. Meistens werden wir erst dann wach, wenn es (fast) zu spät ist.

Ich habe mir daher angewöhnt, immer wieder freiwillig einen Stopp einzulegen und mich und mein Leben zu hinterfragen, um mich vom »Müssen« ins »Wollen« zurückzubringen. Und das geht relativ einfach, wenn wir uns die richtigen Fragen stellen.

Was sind die Dinge, von denen du glaubst, sie tun zu »müssen«?

Was ist das, was du wirklich willst? Wie würde dein Leben aussehen, wenn du es dir backen könntest?

Was kannst du tun, um vom »Müssen« ins »Wollen« zu kommen?

Was hält dich davon ab? Was sind deine größten Stopper in dieser Situation? Was bremst dich?

Was kannst du tun, damit dein Traum wahr wird?

Kapitel 9

# DIE MACHT DER ÜBERZEUGUNG

Machen wir uns nichts vor, wir können das coolste und beste Produkt dieser Welt haben – doch wenn es uns nicht gelingt, den Markt und unsere Kunden zu überzeugen, haben wir nichts gewonnen. Wir können die genialsten Persönlichkeiten sein – doch wenn es uns nicht gelingt, unseren Chef, unseren Partner oder wen auch immer von uns zu überzeugen, bringt es uns nichts. Leider lernen wir nirgendwo, wie man andere von sich überzeugt, wie man verkauft. Wir überlassen damit eine der wichtigsten Erfolgskompetenzen dem Zufall.

In der Schule lernen wir, wie wir uns Wissen aneignen, aber wir lernen nicht, das Beste aus unserem Wissen zu machen. Wie viele Schulversager werden später zu Überfliegern und wie viele Streber scheitern in ihrem Leben? Wissen und Knowhow allein bringen uns nicht weiter. Ich wurde so oft gefragt, wie ich es geschafft habe, so schnell in der Welt der Speaker bekannt zu werden. Ganz einfach: Ich wusste, wie ich mich verkaufen muss. Nicht das beste Produkt gewinnt, sondern der, der es am besten verkaufen kann. Nicht der, mit der besten Qualifikation bekommt den Job, sondern der, der sich am besten verkaufen kann. Nicht der, mit den besten Rednerfähigkeiten erobert die Bühnen dieser Welt, sondern der, der diese Fähigkeiten am besten vermarkten kann.

Die gute Nachricht ist: Verkäufer werden nicht geboren, sie werden gemacht. Du kannst es lernen. In der Schule wurde ich rot, wenn ich nach vorne vor die anderen treten musste. Ich habe es gehasst. Ich war auch nicht beliebt. Ich wurde immer übersehen.

Und auch das habe ich gehasst. Ich habe mir all das, was ich heute kann und wer ich heute bin, angeeignet. Und das kannst auch du.

Was meinst du, was macht einen wirklich guten Verkäufer aus? Was kann er besser als die meisten anderen? Eine Antwort höre ich immer wieder auf diese Frage: »Er hat die besseren Argumente!« Ist das wirklich so?

In Präsentationen, Verkaufsgesprächen oder Verhandlungen erlebe ich oft genau das. Da wird sich stundenlang im Vorfeld der Kopf darüber zerbrochen, welche Argumente und welche Fakten am schlagkräftigsten sind. Es wird versucht, sich und das Produkt im besten Licht darzustellen. Man versucht mit der Qualität des Produkts zu punkten, mit der jahrelangen Tradition des Unternehmens, mit einem spezifischen Know-how, der Einsatzbereitschaft und den Erfahrungen, den Service und so weiter. All das ist wichtig, doch es ist am Ende nicht entscheidend. Mit diesen Argumenten informieren wir unseren Kunden, aber wir überzeugen ihn nicht.

Ich gebe dir ein Beispiel: Kannst du dich noch erinnern, wie das früher war, als du abends ins Bett solltest, noch keine Lust hattest und deine Eltern alles versucht haben, dich ins Bett zu kriegen? Oder hast du vielleicht selbst Kinder, die dich bei dem Versuch, sie rechtzeitig ins Bett zu bringen, immer wieder an den Rand der Verzweiflung treiben? Ich kann mich noch gut daran erinnern, dass ich früher um jede Minute, die ich länger wach bleiben wollte, gekämpft habe wie eine Löwin.

Jetzt stell dir vor, du bist genau in dieser Situation: Dein Kind will nicht ins Bett. Und nun kommst du mit vernünftigen Argumenten um die Ecke und erklärst, wie wichtig und vor allem gesund der Schlaf vor Mitternacht ist. Zur Unterstützung ziehst du noch ein paar Statistiken und Studien über die Relevanz von Tiefschlafphasen heran, die du deinem armen Kind nun Schritt für Schritt näherbringst. Du erläuterst geduldig die einzelnen Fakten und Beweise. Wie weit kommst du mit diesem Unterfangen?

Okay, vielleicht hast du es geschafft, dein Kind mit viel zu vielen Informationen in den Schlaf zu reden, aber hast du es überzeugt? Nein, dass hast du nicht. Du hast es entweder gelangweilt, genervt oder informiert. Das Gleiche erreichen wir, wenn wir unser Gegenüber mit vernünftigen Argumenten von uns oder unserem Produkt überzeugen wollen. Wir reden wie in Trance, wir langweilen, wir nerven, wir informieren. Aber das, was wir eigentlich wollen, nämlich begeistern und überzeugen, dass gelingt uns nicht. Aus einem ganz einfachen Grund: Überzeugung ist kein rationaler Prozess. Wir überzeugen nicht mit vernünftigen Argumenten, wir überzeugen mit den richtigen Emotionen.

## Die fünf Regeln der Überzeugung

Es gibt fünf emotionale Überzeugungsregeln, die jeder Macher beherrschen sollte. Bevor ich mit der ersten beginne, möchte ich dich vorwarnen. Hast du schon einmal einen Zaubertrick gesehen, warst davon total fasziniert und dann, nachdem das Geheimnis dahinter gelüftet war, total enttäuscht? Weil der Trick so simpel war? Genau das kann dir gleich passieren. Die fünf Regeln der Überzeugung sind nämlich sehr einfach, aber dafür sehr wirksam. Und um Wirkung geht es schließlich. Wenn du es schaffst, bei deinem Gegenüber den gleichen Wow-Effekt zu erzeugen, wie es der Zauberer mit seinem genialen Trick bei seinem Publikum schafft, dann hast du alles erreicht. Es geht immer um die Wirkung, nicht um die Funktionsweise. Viele Menschen glauben, wenn sie die neuesten Trends gefunden haben, werden sie erfolgreich. Das stimmt leider nicht.

Die Suche nach dem Neuen hat meist nur einen Hintergrund: Wir sträuben uns, das Alte umzusetzen, denn das ist meistens anstrengend. Wir besuchen lieber neue Seminare, in der Hoffnung, endlich eine Strategie zu finden, die von allein funktioniert, anstatt die bewährteste Akquise-Strategie umzusetzen: Den Telefonhörer nehmen, einen Kunden anrufen und ein Geschäft abschließen.

So sehr sich unsere Welt durch Digitalisierung, Industrie 4.0, Watson, Alexa auch verändert – Verkaufen und Überzeugen findet in erster Linie immer noch zwischen zwei Menschen statt. Das Wichtigste für ein erfolgreiches Leben ist und bleibt, dass wir Menschen verstehen. Dass wir verstehen, wie Menschen ticken und warum sie so ticken.

Blair Warren hat das Geheimnis der Überzeugung so zusammengefasst:

*Menschen tun alles für diejenigen,*

- *die sie ermutigen, ihre Träume zu leben,*
- *die ihre Fehler rechtfertigen,*
- *die ihnen ihre Ängste nehmen,*
- *die ihre Erwartungen bestätigen und*
- *die ihnen dabei helfen, Steine auf ihre Feinde zu werfen.*

Stell dir vor, du triffst jemanden, der genau das macht. Der dich ermutigt, endlich wieder deinen Traum zu leben, den du vor lauter Vernunft und gutem Zureden anderer begraben hast. Du triffst jemanden, der dir nicht die Schuld gibt, dass es bisher nicht so funktioniert hat in deinem Leben, wie du wolltest, sondern der dir das Gefühl gibt, dass du gar nicht anders handeln konntest, als du es getan hast. Jemanden, der dir deine Ängste, was alles schiefgehen könnte, nimmt und der deine Erwartungen und Vorurteile bestätigt. Und zum Schluss stellst du auch noch fest, dass er dieselben Feindbilder und Herausforderungen hatte wie du, sie aber erfolgreich bekämpft hat.

Mal ehrlich, würdest du dieser Person zuhören? Würdest du dich von diesem Menschen überzeugen lassen? Der deinen Weg schon erfolgreich gegangen ist? Ich würde es tun!

Schauen wir uns die fünf Prinzipien einzeln an.

## Überzeugungsregel 1: Menschen tun alles für diejenigen, die sie ermutigen, ihre Träume zu leben.

Wenn es darum geht, andere zu motivieren, mehr zu leisten oder zu kaufen, wird immer wieder auf Instrumente wie Zielvereinbarungen, Bonifikationen, Beförderungen, Rabatte etc. zurückgegriffen. Und immer wieder sind wir frustriert, wenn das alles nichts hilft. Wenn wir mitbekommen, dass einer unserer direkten Konkurrenten unser bestes Pferd im Stall abgeworben hat und ihm dann noch nicht einmal mehr Gehalt bezahlt als wir, verstehen wir die Welt nicht mehr. Wir versprechen Incentives und Bonifikationen, und trotzdem steigt der Umsatz nicht. Wie kommt das? Oder wir erfahren, dass einer unserer Wunschkunden bei der Konkurrenz gekauft hat, obwohl die viel teurer ist als wir. Wir verstehen nicht warum.

Schaut man hinter die Kulissen von uns Menschen, stellt man fest: Motivierte Menschen haben immer ein Warum. Motivierte Menschen wissen, warum sie etwas tun wollen. Und da unser Warum immer mächtiger ist als das Was, ist es auch mächtiger als Zielvereinbarungen, Bonifikationen, Rabatte. Das Warum wird immer das Was schlagen. Wenn du Mitarbeiter hast, dann frage dich nicht, *was* du ihnen bieten kannst, um sie zu mehr Leistung zu motivieren, sondern helfen ihnen, ihr *Warum* zu verwirklichen. John Strelecky hat das in seinem Buch *The Big Five for Live, Was im Leben wirklich zählt* den »Zweck der Existenz« genannt. Er hat sich jahrelang mit der Performance von Top-Performern in Unternehmen beschäftigt und fand heraus, dass diejenigen am motiviertesten und leistungsstärksten waren, deren eigener Zweck der Existenz mit dem Zweck der Existenz des Unternehmens übereinstimmte. Ich kann das aus meinem Leben nur bestätigen. Mein Zweck der Existenz hatte irgendwann nichts mehr mit dem Immobilienverkauf und meinem Unternehmen zu tun. Es kam, wie es kommen musste: Ich brannte immer mehr aus, bis ich mich leer fühlte. Burn-out, Pleiten, nicht enden wollende Konflikte beruhen in der Regel immer wieder darauf, dass wir nicht (mehr) unserer Berufung oder der Stimme unseres Herzens folgen.

Stell dir vor, du willst dich verändern und bist auf der Suche nach einem neuen Job. Du hast zwei Unternehmen zur Auswahl. Der Personalchef im ersten Unternehmen erzählt dir, wie hoch dein Gehalt ist, wie viel Extraurlaub du bekommst, dass die Überstunden fair abgegolten werden und dass man seit Jahren einen konstanten Stamm an Mitarbeitern hat, die alle zufrieden sind. Dann kommst du zu Personalchef Nummer zwei. Er erzählt dir nichts über dein Gehalt, Urlaubs- und Überstundenregelungen, sondern er sagt dir, dass ihm in seinem Unternehmen etwas ganz besonders wichtig ist – nämlich, dass alle seine Mitarbeiter die Chance haben, ihren Traum zu leben. Er möchte keine zufriedenen Mitarbeiter, die Dienst nach Vorschrift machen, er möchte Mitarbeiter, die dafür brennen, was sie tun. Denn er weiß: Menschen, die ihre Träume leben, sind motivierter als alle anderen. Und jetzt fragt er dich nach deinem Traum. Er zeigt dir auf, wie du dir deinen Traum in seinem Unternehmen endlich erfüllen kannst. Bei welchem Unternehmen fängst du an?

Leider tun wir Träume oft als Hirngespinste ab. Als ich im Vertrieb angefangen und meine ersten Kundenbesuche absolviert habe, musste ich meine Kunden immer nach ihren Träumen fragen, so stand es im Leitfaden. Ich kann gar nicht zählen, wie oft sie auf folgende Weise reagierten: »Was, Träume? Ach, die hatte ich mal, als ich jung war. Jetzt bin ich erwachsen und in der Realität angekommen.« Ich weiß noch, wie traurig mich das gemacht hat. Damals habe ich mir geschworen: *Egal, wie alt du bist Katja, du lässt dir deine Träume niemals nehmen.* Zum Glück habe ich durchgehalten.

Wie ist das mit deinen (begrabenen) Träumen? Stell dir vor, morgen kommt jemand um die Ecke und ermutigt dich, sie (wieder) zum Leben zu erwecken. Er reicht dir seine Hand und gibt dir das Gefühl, dass sie jetzt endlich wahr werden können. Er zeigt dir, wie du dein Warum leben kannst. Interessieren dich dann noch die ganzen »vernünftigen« Sprüche der anderen, die dich die letzten Jahre abgehalten haben, nach dem Motto »Renn doch keinen Hirngespinsten nach!«, »Das ist unvernünftig«? Wem hörst du zu und wem glaubst du?

Wenn du Kunden gewinnen und dich im Wettbewerb behaupten willst, dann erzähle ihnen nicht, was du für tolle Produkte hast, denn die hat dein Mitbewerber auch. Gib deinen Kunden lieber das Gefühl, dass sie das erreichen können, wovon sie träumen, wonach sie sich sehnen, wenn sie sich für dich und dein Produkt entscheiden. Deine Dienstleistung ist nichts anderes als ein Mittel zum Zweck, damit dein Gegenüber seine Ziele erreicht. Wenn du Menschen für dich gewinnen willst, dann finde die Brücke von dir und dem, was du anbietest, zu den Träumen und Zielen deines Gegenübers – dann hast du einen Fan fürs Leben. Das setzt allerdings voraus, dass du die Träume deines Gegenübers kennst. Und das setzt voraus, dass du danach fragst. So begeistert wir von uns, unserer Leistung und/oder unserem Produkt auch sein mögen, letztendlich geht es nie um uns, sondern darum, was wir für den anderen bedeuten und was wir für seine Visionen, Träume und Ziele tun können.

## Überzeugungsregel 2: Menschen tun alles für diejenigen, die ihre Fehler rechtfertigen.

Stell dir vor, du hast von deinem Chef oder deinem Kollegen eine sehr wichtige Aufgabe übertragen bekommen. Du sollst die nächste Marketingkampagne leiten und bei einem Kick-off-Event euren absoluten Wunschkunden davon überzeugen, dass er das Geschäft mit euch und nicht mit der Konkurrenz macht. Es wäre der größte Auftrag, den ihr je abgeschlossen habt. Du bist wahnsinnig aufgeregt und sehr stolz. Du legst dich voll ins Zeug und dann kommt Tag X. Du gehst auf die Bühne und alles ist weg. Totales Blackout! Der Text, deine Begeisterung, deine Selbstsicherheit. Du fängst an, zu stammeln, verharrst ein paar Minuten in Schockstarre und trittst niedergeschlagen und ohnmächtig ab. Du möchtest am liebsten im

Boden versinken. Der Kunde springt schließlich ab. Am nächsten Tag sitzt du wie ein Häufchen Elend im Büro und versuchst dir zu erklären, was passiert ist. Jetzt komme ich herein und sage zu dir: »Okay, lass uns nicht lange drum herumreden. Du hast versagt.« Dann zähle ich dir haarklein auf, was du alles falsch gemacht hast, damit du es beim nächsten Mal besser machen kannst. Wie fühlst du dich? Und vor allem: Machst du es nach meiner Standpauke das nächste Mal besser? Nein, und das kannst du auch gar nicht.

Nun stelle dir die gleiche Ausgangssituation einmal anders vor. Nach deinem Desaster komme ich zu dir und sage: »Hör zu, dass ist jedem Top-Performer schon einmal passiert. Selbst mir. Glaub mir, ich weiß ganz genau, wie du dich jetzt fühlst. Und ganz ehrlich? Wie hättest du es besser machen können? Hat dir jemals jemand gezeigt, wie man vor anderen präsentiert? Oder wie man sich auf einer Bühne sicher bewegt? Oder wie man mit einem Blackout und mit Lampenfieber umgeht? Das nächste Mal wird es besser, versprochen.« Wie fühlst du dich jetzt? Schon besser, oder? Und ich fahre fort: »Das ist wie mit allem anderen auch. Wir müssen die Dinge üben. Keiner ist auf die Welt gekommen und konnte laufen. Auch der Kunde nicht, der sich so unmenschlich gezeigt hat und nun den Auftrag jemand anderem gegeben hat. Sollen wir gemeinsam üben, damit du beim nächsten Mal alle vom Parkett fegst?«

Kannst du dir vorstellen, es nach diesem Gespräch beim nächsten Mal besser zu machen? Von wem würdest du jetzt ein Persönlichkeits- und Präsentationstraining kaufen? Von Person 1 oder 2? Wer hat dich überzeugt?

Wenn du andere Menschen dazu bringen möchtest, mehr Verantwortung zu übernehmen, dann predige nicht, was sie tun sollen, sondern setze dich mit ihnen in ihr Boot und hilf ihnen dabei, neue Wege zu gehen. Wenn du Kunden überzeugen willst, dein Produkt zu kaufen, und sie Angst haben, sich zu entscheiden, weil sie in der Vergangenheit mit ähnlichen Produkten immer wieder schlechte Erfahrungen gemacht haben, dann erzähle ihnen nicht, dass sie sich leider für den falschen Partner entschieden haben, sondern gib ihnen das Gefühl, dass wir alle schon auf schwarze Schafe hereingefallen sind. Zeige ihnen dann, wie sie die schwarzen von den weißen Schafen unterscheiden können und hol sie in dein Boot.

Vielleicht bekommst du langsam eine Idee davon, wie mächtig die Werkzeuge der Überzeugung sind. Denn sie entscheiden darüber, ob du deine Ziele erreichst oder nicht.

## Überzeugungsregel 3
## Menschen tun alles für diejenigen, die ihnen ihre Ängste nehmen.

Angst ist die stärkste Emotion, die wir kennen. Wenn wir Angst haben, dann fällen wir falsche Entscheidungen, packen Dinge nicht an, verstecken uns, statt die Herausforderungen des Lebens in Angriff zu nehmen. Ängstliche Kunden kaufen nicht, ängstliche Mitarbeiter entfalten nie ihr Potenzial und ängstliche Menschen leben nicht das Leben, das sie wirklich leben wollen. Wie gehen wir also mit Angst um, wenn sie einer unserer stärksten Urinstinkte ist? Wie gelingt es uns, unsere Angst selbstbestimmt zu steuern, statt dass die Angst uns steuert?

Stell dir vor, jemand hat schreckliches Lampenfieber und Angst, vor einer großen Gruppe von Menschen zu sprechen. Er ist kurz vor seinem Auftritt, ich gehe hin und frage ihn: »Und, bist du bereit?« Er antwortet: »Ich habe solche Angst, dass ich den Text vergesse oder einen Blackout habe, was soll ich tun?« Ich antworte: »Du brauchst keine Angst haben. Das wird schon.« Habe ich ihm damit geholfen? Nein, das habe ich natürlich nicht!

Aber das ist leider genau die Art, wie wir oft mit Ängsten umgehen. Wir versuchen, sie rational zu entkräften mit Sätzen wie »Hab doch keine Angst. Das wird schon.« Dass wir – rational betrachtet – keine Angst haben müssen, wenn wir auf eine Bühne gehen, ist uns klar. Angst ist aber ein Gefühl und keine bewusste, rationale Entscheidung, also können wir sie auch nicht mit rationalen Argumenten aushebeln. Wir werden uns im nächsten Kapitel noch intensiver mit unserem Gehirn und seinen Funktionsweisen befassen, doch so viel an dieser Stelle: Unsere Gefühle werden im Zwischenhirn gesteuert, dem Sitz der Emotionen. Unser Zwischenhirn kennt keine Sprache. Du kannst ihm immer wieder sagen »Sei nicht aufgeregt!«, aber diese Botschaft wird nicht ankommen. Die einzige Sprache, die unser Zwischenhirn versteht, sind Bilder. Genau da müssen wir ansetzen. Erkläre dem anderen also nicht, dass er keine Angst haben muss, sondern arbeite mit ihm an seinen Ängsten. Nimm ihn mit auf eine Reise, auf der er erkennt, dass er nicht vor der Realität Angst hat, sondern vor seinen Gedanken, vor seinem Kopfkino. Hilf ihm dabei, einen neuen Film in seinen Gedanken abspielen zu lassen.

Bei Kunden ist es nicht anders. Wenn ein Kunde sich noch nicht entscheiden will, weil er Angst davor hat, dass es die falsche Entscheidung sein könnte, kannst du ihm noch so oft erzählen, dass es die richtige Entscheidung ist. Sein Instinkt sagt weiterhin Jein oder gar Nein. Hole den Kunden mit ins Boot, indem du ihn auf eine gedankliche Reise einlädst und er spüren kann, wie wohl er sich fühlen würde, wenn er sich jetzt für dein Angebot entscheiden würde. Du kannst ein Gefühl nur ändern, indem du die inneren Bilder änderst. Das gilt übrigens auch für dich selbst. Wenn du Angst hast, dann hadere nicht mit dir, renne nicht weg vor der Angst, sondern lerne mit ihr zu leben. Akzeptiere, dass sie da ist und zwinge dich, umzudenken. Mal dir nicht aus, was schiefgehen könnte, mal dir aus, was du alles erreichen kannst. Das Schlimme an der Angst ist nicht die Angst selbst, sondern unsere Angst vor der Angst.

Kannst du dir vorstellen, was passiert, wenn du es geschafft hast, deinem Gegenüber die Angst zu nehmen vor etwas, vor dem er/sie vielleicht schon sein ganzes Leben weggerannt ist? Du gewinnst einen Freund fürs Leben. Und kannst du dir vorstellen, wie es dir gehen wird, wenn du es geschafft hast, künftig der Herr oder die Frau über deine Angst zu sein? Du wirst ein völlig neues Leben führen.

In meinem letzten Seminar »Ready4Stage«, in dem ich Redner und die, die es werden möchten, ausbilde, hatte ich eine Teilnehmerin, die immer rot wurde und es seit Jahren nicht schaffte, dieses Rotwerden zu bekämpfen. Und genau hier lag das Problem. Sie hatte so viel Angst rot zu werden, dass sie, sobald sie in Richtung Bühne ging, nur noch an eines dachte: nicht rot werden! Was passierte? Sie wurde natürlich rot! Sie steckte so viel Energie in den angstvollen Gedanken rot zu werden, dass ihr Körper automatisch folgte.

Als sie mir in meinem Seminar ihr Problem schilderte, hoffte sie, Bestätigung zu finden. Doch den Gefallen tat ich ihr nicht. Stattdessen sagte ich: »Und, wo ist das Problem?« Sie sah mich völlig fassungslos an. Wie konnte ich eines ihrer schlimmsten Probleme so einfach abtun? »Weißt du, Perfektion schafft immer Aggression auf der Bühne. Menschen lieben es, wenn wir auf der Bühne auch Mensch sind, mit all unseren Eigenheiten. Wenn deine Eigenheit das Rot werden ist, dann mach eine Marke daraus. Ich möchte, dass du, wenn du gleich auf die Bühne gehst, so rot wirst wie noch nie zuvor, ok?« Sie guckte mich immer noch fassungslos an und nickte. 30 Minuten später war sie dran. Sie ging auf die Bühne, lächelte und nichts passierte. Sie wurde einfach nicht rot. Ich fragte sie: »Wieso wirst du nicht rot?« Sie antwortete begeistert: »Es geht nicht mehr!« Der Bann war gebrochen. Die Angst war weg, mit ihr das Kopfkino und damit auch die Handlung.

## Überzeugungsregel 4
## Menschen tun alles für diejenigen, die ihre Erwartungen bestätigen.

Warst du schon einmal in einer Situation, in der du gedacht hast: *Ich wusste es. Ich wusste, dass es so ist.* Oder: *Ich wusste, dass das passieren wird!*

Wir Menschen lieben es, Dinge schon vorher gewusst zu haben bzw. darin bestätigt zu werden, dass wir recht haben. Das Gegenteil davon mögen wir umso weniger. Wenn du auf einen Menschen triffst, der dir das Gefühl gibt, dass du recht hast mit deinen Einschätzungen und Erwartungen, fühlst du dich automatisch zu ihm hingezogen; Wenn er dir aber das Gefühl gibt, dass du unrecht hast, dann bist du automatisch im Widerstand. Aber Mitarbeiter, Partner, Kunden im Widerstand wollen wir alle nicht.

Ich erlebe dieses Phänomen immer wieder, wenn ich Seminare in Unternehmen gebe. Ziel ist es jedes Mal, die Teilnehmer durch meine Art vom Gegenteil zu überzeugen. Das gelingt mir, indem ich die spezifischen Vorurteile, die in den Unternehmen zu erwarten sind und die ich aufgrund meiner Erfahrung inzwischen kenne, vorwegnehme:

»Ich erlebe es immer wieder, dass Menschen zu mir in ein Seminar kommen und hoffen, dass sich danach alles ändert. Falls ihr das auch denkt, muss ich euch enttäuschen. Die Dinge werden sich nicht einfach nur so von heute auf morgen verändern. Auch wenn ich hier stehe und mein Bestes gebe. Es gehört noch ein bisschen mehr dazu.« Meine Teilnehmer denken dann nicht selten, hab ich doch gewusst, dass das nicht so einfach ist. Und schon bin ich eine von ihnen und nicht eine, die »gegen« sie arbeitet, im Widerstand ist.

Überlege dir also immer: Welche Erwartungen könnten dein Gegenüber, deine Kollegen, deine Mitarbeiter, dein Chef oder deine Kunden haben? Wenn du eine Idee hast, dann lasse diese Erwartungen nicht unausgesprochen im Raum stehen, sondern adressiere sie und bestätige sie. Es gibt keine einfachere Art, das Eis zu brechen.

### Überzeugungsregel 5
### Menschen tun alles für diejenigen, die ihnen dabei helfen, Steine auf ihre Feinde zu werfen.

Was verbindet Menschen mehr als ein gemeinsames Feindbild? Egal, ob in Politik, in Religion oder in der Geschichte: Ein gemeinsames Feindbild verbindet und lässt eine Macht entfalten, die auch missbraucht werden kann, wie wir leider mehrfach in der

Geschichte erlebt haben. Das stärkste Argument Hitlers war ein Feindbild, das er selbst aufgebaut hat. Und wir brauchen gar nicht so weit in der Vergangenheit zurückreisen. Die Covid-19-Pandemie hat ebenfalls gezeigt, was Feindbilder auslösen können.

Zum Glück können wir diese starke Kraft aber auch für positive Ergebnisse einsetzen. In meinen Seminaren und Coachings versuche ich zuallererst immer den aktuellen Hauptfeind zu identifizieren. Wer ist schuld an der jeweiligen Situation? Wenn du den Hauptfeind identifiziert hast, kannst du daran arbeiten, ihn zu entkräften und anschließend zu besiegen.

Angenommen, ich bin in einem Akquiseseminar und das Feindbild sind die Kunden, die einfach nicht verstehen, wie gut die Produkte sind, die wir ihnen verkaufen wollen. Dann kann ich mich auf die Seite der Kunden stellen und meinen Teilnehmern lang und breit erklären, warum sie die Kunden mit ihren Argumenten einfach nicht für sich gewinnen. Oder ich begebe mich auf die Seite meiner Teilnehmer und wettere mit ihnen im ersten Schritt über die uneinsichtigen Kunden. Im zweiten Schritt entwerfe ich gemeinsam mit ihnen einen Schlachtplan, wie wir es schaffen, diese uneinsichtigen Kunden zu unseren Fans zu machen und sie für uns zu gewinnen. Welche Strategie verspricht mehr Erfolg?

Schritt eins ist, die Feindbilder deines Gegenübers herauszufinden und dich mit ihm zu verbünden. Im zweiten Schritt entkräfte die Macht der Feinde.

Ist dir aufgefallen, dass alle fünf Regeln etwas gemeinsam haben? Es geht nie um uns. Es geht nie darum, was *wir* alles können oder wollen. Es geht immer um unser Gegenüber. Und das ist eines der wichtigsten Geheimnisse. Betrachte die Welt aus den Augen deines Gegenübers. Wir können uns immer nur auf eine Sache fokussieren. Und wenn du überzeugen willst, dann schaffst du das nur, wenn du mit deinem Fokus bei deinem Gegenüber bist.

## Macher-Regel Nr. 8

Macher sehen die Welt nicht durch ihre Brille,
sondern durch die des anderen.

## Macher-Box

Rufe dir ein Gespräch in Erinnerung, in dem du vergeblich versucht hast, dein Gegenüber zu überzeugen. Stell dir vor, du hättest die Chance, dieses Gespräch noch einmal zu führen. Setzte dir nun die Brille deines Gegenübers auf und überlege dir, wie du die fünf Überzeugungsregeln in diesem Gespräch anwenden könntest. Was wäre z. B. ein gemeinsamer Feind? Welche Erwartung hat der Kunde? Und so weiter ...

## Die 5 Überzeugungsregeln

1. Menschen tun alles für diejenigen, die sie ermutigen, ihre Träume zu leben.
2. Menschen tun alles für diejenigen, die ihre Fehler rechtfertigen.
3. Menschen tun alles für diejenigen, die ihnen ihre Ängste nehmen.
4. Menschen tun alles für diejenigen, die ihre Erwartungen bestätigen.
5. Menschen tun alles für diejenigen, die ihnen dabei helfen, Steine auf ihre Feinde zu werfen.

Kapitel 10

# ES GEHT NICHT DARUM, WAS ES IST. ES GEHT DARUM, WAS ES TUT!

Wir bleiben noch etwas bei der Überzeugung, denn sie ist ein so mächtiges Werkzeug. Allerdings möchte ich dich vorwarnen: Wenn Verkaufs- und Vertriebsansätze der Zukunft für dich kein Thema sein sollten, dann kannst du zum nächsten Kapitel springen, in dem es um deine Unique Personal Proposition (UPP), also deine einzigartige Persönlichkeit geht. Wenn du hier am Ball bleibst, dann geht es jetzt weiter mit den Geheimnissen der Überzeugung.

Zu überzeugen, ist immer ein emotionaler Prozess, genauso wie zu verkaufen. Um noch besser zu verstehen, wie wir diesen Prozess so aufbauen können, dass wir unsere Ziele erreichen, nämlich dem anderen das zu geben, was er haben will, machen wir jetzt einen kurzen Ausflug in unser Gehirn.

Vereinfacht betrachtet, lässt sich unser Gehirn in drei Hauptbereiche aufteilen: das Großhirn, das Zwischenhirn und das Stammhirn. Der evolutionstechnisch älteste Teil ist das Stammhirn. Er hat sich vor rund 500 Millionen Jahren im Laufe der Evolution entwickelt. Seine Aufgabe ist es, unser Überleben sicherzustellen. Dafür kennt dieser Teil des Gehirns genau drei Verhaltenszustände: Angriff, Flucht oder ohnmächtige Erstarrung. Das reichte in früheren Zeiten aus, um zu überleben. Heute braucht es dafür ein bisschen mehr. Daher entwickelte sich mit der Entstehung der Säugetiere das Zwischenhirn. Es ist der Sitz unserer Emotionen. Hier werden alle unsere Gefühle gesteuert. Der evolutionstechnisch jüngste Teil des Gehirns ist unser Großhirn. Es entstand etwa zeitgleich mit den Primaten und ist der Sitz unseres Verstandes. Das Großhirn ist also für unser Denken und unsere bewusste Wahrnehmung zuständig.

Was glaubst du, in welchem Teil unseres Gehirns fällen wir unsere Entscheidungen? Wo wird unser Verhalten gesteuert? Übrigens unterscheidet das Gehirn hier nicht zwischen Mann und Frau, da ticken wir ausnahmsweise einmal alle gleich. Wir fällen unsere Entscheidungen zuallererst im Zwischenhirn und nicht im Großhirn, wo es um die richtigen rationalen Argumente geht. Im Laufe unseres Lebens gewinnt unser Großhirn, ohne dass wir es merken, immer mehr an Macht. Je älter wir werden, umso »vernünftiger« werden wir. Umso mehr lernen wir, den vermeintlichen Fakten zu vertrauen und verlernen, auf unser Bauchgehirn, unseren Instinkt, zu hören.

Unser Gehirn strebt nämlich danach, Verstand und Emotionen miteinander in Einklang zu bringen. Wir empfinden etwas im Zwischenhirn und unser Großhirn sucht sich nun die Fakten so zusammen, dass unsere (meist vollkommen unbewusste) emotionale Entscheidung rational bestätigt wird. Und genau das ist die Falle. Wir denken, wir haben eine bewusste und durchdachte Entscheidung getroffen und merken gar nicht, dass wir davor eine emotionale Entscheidung getroffen haben, die unser Großhirn automatisch rationalisiert hat. Wenn wir zum Beispiel Angst davor haben, uns zu verändern, dann findet unser Großhirn alle Fakten, die wir brauchen, um unsere Angst zu bestätigen. Und am Ende erzählen wir allen, es hätte überhaupt keinen Sinn gemacht, etwas Neues zu wagen. Das wäre viel zu risikoreich. Das können wir dann auch begründen und alle verstehen uns und geben uns recht. Eine Person, die mit Veränderung nicht Angst, sondern einen Glückszustand verbindet, sucht sich völlig andere Fakten. Am Ende sind beide überzeugt: Sie haben sich völlig richtig und vernünftig entschieden. Es gibt bloß einen Unterschied: Die eine Person hat sich verändert und ist glücklich, die andere bleibt in ihrem Hamsterrad und ist unglücklich, weil es zwar ihr tiefster Wunsch ist, etwas Neues zu wagen, sie sich aber nicht traut. Wenn wir etwas verändern und bewirken wollen, egal ob bei uns oder unserem Gegenüber, dann schaffen wir das nur, wenn wir zuerst das Zwischenhirn erreichen.

Und unser Zwischenhirn ist nicht empfänglich für Zahlen, Daten und Fakten. Es ist auch nicht empfänglich für vernünftige Argumente. Das haben wir schon bei dem Beispiel mit dem Kind gesehen, dass wir mit vernünftigen Argumenten zum Schlafengehen bewegen wollten. Unsere vermeintliche Vernunft sitzt im Großhirn. Und das entscheidet erst im zweiten Schritt, ob wir etwas machen oder nicht. Du kannst die besten Argumente für dein Produkt haben, wenn der Bauch deines Gegenübers Nein sagt, hast du keine Chance.

## Das Zwischenhirn kennt keine Vernunft

Wie erreichen wir unser Zwischenhirn? Was glaubst du, in welchem Teil unseres Gehirns laufen die meisten Verkaufs- und Überzeugungsversuche ab? Genau, im Großhirn. Zumindest bei uns Erwachsenen. Kinder machen das anders. Sie adressieren ihre Botschaften viel öfter in Richtung Zwischenhirn, sie sind noch nicht so »vernunftgeschädigt«. Aber je älter wir werden und umso mehr man uns erzählt, was für vernünftige Wesen wir sind, desto mehr adressieren wir unsere Botschaften in Richtung Großhirn unseres Gegenübers. Wir wissen meist gar nicht mehr, wie man mit dem Zwischenhirn redet.

Und was passiert, wenn wir unser Gegenüber im Großhirn ansprechen? Es antwortet auch im Großhirn. Wir erklären unserem Chef, warum wir eine Gehaltserhöhung wollen, und er erklärt uns, warum das gerade nicht geht. Wir erläutern unserem Kunden, warum der Preis unseres Produktes ist, wie er ist, und er legt dar, warum er diesen Preis nicht zahlen kann oder will. Wir erklären uns selbst also die Fakten, die gegen eine Veränderung sprechen könnten und warten mit der Erfüllung unserer Träume, bis die Faktenlage besser geworden ist. In den meisten Fällen wird sie das nie. Egal, ob wir mit uns selbst oder anderen reden, in der Regel jagt ein Argument das anderes. Wieso jetzt und nicht später? Wieso dieses Produkt und kein anderes? Warum zu dem Preis und nicht billiger? Warum wir und nicht unser Konkurrent? Warum Träume und nicht Pflichten? Ehe wir uns versehen, landen wir in einer ewigen Argumentationsschlaufe im Großhirn, obwohl wir da nicht hinwollten. Wir informieren, analysieren, argumentieren, aber wir überzeugen nicht.

Was auch immer du erreichen willst, mach dir immer wieder bewusst: Wir überzeugen nicht mit Fakten und Produkten, wir überzeugen mit Emotionen. Das ist der einzige Weg ins Zwischenhirn. Wir können es uns also sparen, auf unser Gegenüber mit all unseren super Argumenten, unserem Know-how und etlichen Produktvorteilen einzureden. Wir können es uns sparen, alles, was wir können und anbieten, auf unserer Homepage zu präsentieren. Viele werden sich auf unserer Homepage nur informieren, aber woanders kaufen. Und wir können es uns auch sparen, unsere Mitarbeiter mit den richtigen Argumenten überreden zu wollen, ihr Bestes zu geben. Das Einzige, was wir damit erreichen ist, dass uns unsere Mitarbeiter erzählen werden, sie würden ihre Leistung jetzt steigern – und alles wird beim Alten bleiben. Die besten Verkäufer sind nicht die, die verkaufen, was es ist, sondern die das verkaufen, was es tut!

**Macher-Regel Nr. 9**

**Macher verkaufen nie das, was es ist.**
**Sie verkaufen immer das, was es tut.**

Kapitel 11

# VOM USP ZUM UPP

Wie machen wir das nun, das zu verkaufen, was es *tut*? Wie schaffst du es, dich bestmöglich zu verkaufen? Andere von dir zu überzeugen? Du bist dein wichtigstes Produkt. Menschen kaufen zuerst immer dich und erst dann deine Dienstleistung.

Was auch immer du verkaufen willst, es gibt eine goldene Regel: Frag dich stets, ob du mit dem, was du gerade sagst, ein Gefühl erzeugst oder nur Fakten lieferst. Keinen Arbeitgeber interessiert wirklich, wann du wo geboren ist und wie all deine Schulen hießen, was deine Noten waren und so weiter. Das, was wirklich interessiert ist, warum dein Leben bisher so verlaufen ist, wie du es darstellst. Wer bist du als Mensch? Warum bist du so, wie du bist? Was treibt dich emotional an? Was ist dein Warum?

Das gleiche gilt, wenn du Produkte oder Dienstleistungen verkaufen willst. Nehmen wir das Beispiel Rentenversicherung. Wie verkaufen wir jetzt nicht das, was diese Versicherung ist, sondern das, was sie tut? In meinen Verkaufsseminaren treffe ich immer wieder auf Verkäufer dieser Produkte, die versuchen, ihr Produkt zu verkaufen. Sie erzählen, wie viel Rendite die Versicherung macht, wie das Portfolio aussieht, warum das so ist und vieles mehr. Doch wen interessiert das wirklich? Wir kaufen immer dann, wenn es uns nach dem Kauf besser geht als vorher und wir feststellen, dass es uns, wenn wir nicht kaufen, schlechter geht. Was hat jetzt die Zusammensetzung eines Portfolios, eine 3- oder 5-Prozent-Rendite damit zu tun, wie es uns geht? Klar kannst du jetzt sagen: »Aber Katja, das ist ja die Folge von all den Fakten.« Stimmt. Aber diesen Übersetzungsprozess machen Menschen oft nicht von allein.

Fakt ist: 3- oder 5-Prozent-Rendite ist kein Gefühl, das ist eine Information. Wie sieht es aber aus mit der Vorstellung, deinen verdienten Lebensabend in einer schönen 3er-WG im städtischen Altenheim zu verbringen – mit Gemeinschaftsklo? Was, wenn du dir im Alter nur eine Bustour in eine überfüllte Seniorenabsteige in deiner Nähe leisten kannst und all deine Träume von der großen weiten Welt auf das nächste Leben verschiebst?

Diese Fragen sprechen Gefühle an. Gefühle entstehen immer dort, wo Bilder entstehen. Wenn du überzeugen willst, reihe nicht ein Argument nach dem anderen aneinander, sondern finde die richtigen Bilder und damit die richtigen Emotionen.

## Warum?

Die richtigen Bilder findest du, wenn du die Antwort auf eine ganz einfache Frage findest. Nämlich auf die Frage: Warum? Was auch immer du erreichen willst, dein Gegenüber muss sich die Fragen beantworten können:

> *Warum will ich etwas tun?*
> *Warum will ich kaufen?*
> *Warum will ich das mit dir tun?*
> *Warum will ich mich jetzt entscheiden?*
> *usw.*

Das Warum ist nicht nur der Schlüssel zu deiner Motivation, sondern auch zu der Motivation deines Gegenübers. Es geht im ersten Schritt des Verkaufsprozesses nie um die Frage, *was* kann ich kaufen, sondern immer um die Frage, *warum* will ich kaufen?

Als ich vor mehr als zwanzig Jahren zu verkaufen begann, war das noch anders. Da interessierte die Kunden noch, *was* sie kaufen können. Heute besorgen sich die Kunden diese Informationen allein, dafür brauchen sie keinen Berater oder Verkäufer mehr. Dank des Internets sind sie oft besser informiert als mancher Berater, zumindest glauben sie das. Die Zeiten, in denen Informationsvermittler gefragt waren, sind endgültig vorbei. Im 19. Jahrhundert dauerte es etwa hundert Jahre, bis sich bestehendes Wissen verdoppelte. Das bedeutete, wer das Wissen hatte, hatte die Macht, und zwar für lange Zeit. Im Jahr 2000 brauchten wir dafür gerade mal noch zehn Jahre. Und heute? Heute dauert es gerade mal 24 Stunden, um bestehendes Wissen zu verdoppeln. 24 Stunden!

Das bedeutet: Wenn du heute Abend eine super Idee hast, etwas gefunden hast, das es noch nicht auf dem Markt gibt, dann magst du vielleicht denken: Super, das ist meine Geschäftsidee! Doch schon morgen Abend wird ein anderer genau diese Idee umgesetzt haben.

Die Dinge verändern sich immer schneller. Auch unsere Produktwelt verändert sich immer rasanter. Wenn wir im Jahr 2000 noch auf zehn Jahre Marktvorsprung mit unserem Produkt hoffen konnten, dann hoffen wir heute vergebens. Wir wissen es einfach nicht. Und es kommt noch etwas hinzu: Nicht nur, dass sich alles immer schneller verändert, Produkte und Dienstleistungen werden zudem immer austauschbarer und vergleichbarer. Wie sinnvoll ist es dann, auf das Produkt oder unsere Dienstleistung zu setzen, wenn wir (uns) verkaufen wollen? Mit dem Was – unserem Großhirn – lassen wir uns folglich auf einen Wettkampf ein, den wir nur schwer gewinnen können.

## Sind wir ersetzbar?

Stell dir vor, du wüsstest zukünftig ganz genau, wie du es schaffst, dich so zu positionieren, dass man dich auch im Dschungel der immer dichter werdenden Produktlandschaft schnell findet. Du könntest dich so verkaufen, dass die anderen nur dich wollen, und niemand anders.

Stell dir vor, du könntest deine Preise im Markt durchsetzen und müsstest nicht um jeden Cent kämpfen. Stell dir vor, du wüsstest, wie du es schaffst, dich von deinen Mitbewerbern abzuheben und einzigartig zu machen. Kann es sein, dass dir vieles leichter fallen würde? Das du erfolgreicher wärst? All das ist kein Hexenwerk, es ist Strategie.

Stell dir vor, du hast zwei Produkte, Produkt A und Produkt B, die so gut wie gleich sind, aber Produkt B ist teurer. Was kaufst du? Mit hoher Wahrscheinlichkeit Produkt A. Aber es gibt Ausnahmen. Wann kaufst du Produkt B, obwohl es teurer ist? Du kaufst B dann, wenn du irgendeine Art von Beziehung zum Unternehmen B hast; wenn das Unternehmen B bzw. das Produkt B ein Gefühl bei dir auslöst, was A nicht tut. Auf einmal ist dir der Preis egal. Menschen kaufen keine Produkte, wenn sie die Chance haben, Gefühle kaufen zu können.

Ein schönes Beispiel ist Apple. Ich lebe in Berlin und bin immer wieder fasziniert, was passiert, wenn ein neues iPhone auf den Markt kommt. Dann wird die Berliner Prachtmeile, der Kurfürstendamm, vor dem Apple Store plötzlich zum Campingplatz. Menschen warten teilweise bis zu zwölf Stunden auf der Straße. Erwachsene Menschen, die eine Wohnung haben, sitzen, hocken oder stehen im Vollbesitz ihrer geistigen Kräfte stundenlang bei Wind und Wetter vor einem geschlossenen Laden. Und warum? Wegen eines Smartphones!

Doch das stimmt nicht. Diese Menschen wollen kein Smartphone. Sie wollen ein iPhone. Und genau da liegt der Unterschied. Vor einem Samsung Store kampiert kein Kunde. Samsung verkauft auch Smartphones, aber eben keine iPhones. Die Menschen wollen nicht das Produkt, sie wollen das Gefühl, die Emotion, die sie mit dem iPhone verbinden. Apple – egal, ob man das Unternehmen nun mag oder nicht – hat eine Sache von Anfang an richtig gemacht: Es hat eine Emotion und ein Lebensgefühl in den Markt gegeben. Apple hat es geschafft, eine Beziehung zu seinen Kunden aufzubauen. Die Marke ist dank der durch sie aufgebauten Emotionen auf einmal greifbar geworden. Es hat keinen USP verkauft, sondern einen UPP, die Unique Personal Proposition. Apple hat sich nicht als Unternehmen positioniert, sondern als Persönlichkeit mit Werten und Überzeugungen. Und genau da liegt der Schlüssel zum Erfolg durch ein starkes Warum.

Konnten wir uns früher über unser Unternehmen, unser Knowhow, unsere Dienstleistungen oder unsere Produkte definieren und von anderen Marktteilnehmern abheben, so schaffen wir das heute nur noch über die Beziehung zum Kunden und zum Markt. Wir schaffen das über unsere Persönlichkeit und unsere Werte-DNA. Telefone gibt es viele, aber Apple mitsamt seinem Lebensgefühl gibt es nur einmal. Deine Produkte, deine Arbeits- und Dienstleistung(en) gibt es mehrfach, aber dich gibt es nur einmal. Nutze dieses mächtige Instrument. Was ist es, das dich ausmacht? Was ist dein UPP?

Menschen kaufen heute keine Produkte mehr, sie kaufen Storys, Emotionen und Persönlichkeiten. Und während Produkte ersetzbar sind, sind es Geschichten, Gefühle und Menschen nicht. Egal, ob du Unternehmer, Freelancer, oder Selbstständiger bist, du musst es schaffen, deine Persönlichkeit in den Markt zu geben, damit Menschen bereit sind, dich und/oder dein Produkt zu kaufen. Dein Gegenüber, egal ob es dein künftiger Chef, Kunde, Mitarbeiter oder Auftraggeber ist, muss wissen, wofür du stehst, was dich einzigartig macht, wovon du überzeugt bist. Überlege nicht, wie die beste Marketingstrategie für dein Produkt aussieht, überlege, welche die beste Strategie für dich ist. Welches Bild willst du von dir und deinem Produkt in den Markt geben?

Dies gilt übrigens genauso, falls du angestellt bist. Denn auch als Angestellter bist du in Zukunft das wertvollste Produkt, das es auf dem Markt gibt, wenn du es richtig anstellst. Die Nachfrage nach Spezialisten, nach Menschen, die sich verkaufen können und weiterentwickeln, ist größer als je zuvor. Wir befinden uns im Zeitalter der digitalen Wissensrevolution: Wir können uns morgen keinen Erfolg mehr kaufen mit dem Wissen, das wir heute haben. Wir können also nur dann ein Macher sein, wenn wir ständig lernen und uns weiterentwickeln. Macher warten nicht, was die Zukunft für sie übriglässt, sie gestalten sich ihre Zukunft.

## Vom USP zum UPP

Menschen wollen sich mit Unternehme(r)n identifizieren können. Sie wollen emotional andocken können. Und das können sie nur, wenn wir ihnen erzählen, wer wir sind und warum wir das tun. Wenn du in der heutigen Zeit erfolgreich sein willst, dann suche nicht mehr nach dem USP. Finde deinen UPP.

Die gute Nachricht ist, dass der Weg vom USP zum UPP nicht weit ist. Wenn du deinen UPP finden willst, dann schaffst du das über den kürzesten Überzeugungsleitfaden der Welt. Er hat genau drei Worte: WAS, WIE und WARUM.

Wenn wir etwas verkaufen wollen, wenn wir uns verkaufen wollen, dann erzählen wir meistens, *was* wir machen, was unser Produkt ist, was wir anbieten. Mit dem *Wie* tun wir uns auch noch leicht, es umfasst den allgemeinen Nutzen und die Funktionsweise eines Produkts.

Das, was dich von deiner Konkurrenz unterscheidet, ist nicht das Was und das Wie, sondern es ist das Warum, deine Persönlichkeit und das emotionale Nutzen, den du damit lieferst. *Warum* will ich genau dies und kein anderes Produkt oder keine andere Dienstleistung?

Bei der Frage nach dem Warum docken Menschen im Zwischenhirn an, also genau da, wo wir sie haben wollen.

Wenn du dich einzigartig machen willst, wenn du einen Sog erzeugen willst, wenn du raus willst aus der Masse des Mittelmaßes, dann verkaufe und überzeuge in die richtige Richtung: Beginne mit dem Warum und ende mit dem Was.

## Schmerz und Freude

Es gibt zwei Gründe, warum wir etwas tun: Schmerz und Freude. Wir versuchen, Schmerz zu vermeiden oder Freude zu erlangen. Entweder laufen wir von etwas weg, das wir nicht mehr wollen, oder wir laufen auf etwas zu, dass wir erreichen wollen. Mit diesen beiden Emotionen sind wir direkt im Zwischenhirn.

So sehr wir uns auch bemühen, unser Zwischenhirn kennt nun einmal keine Sprache. Versuche mal, Hunger so zu erklären, dass jemand, der dieses Gefühl noch nie hatte, versteht, was du meinst. Oder erkläre Liebe. Das funktioniert nicht. Wenn du aber die Situation bildlich beschreibst, wie es dir geht, bevor du Hunger hast und wie es dir geht, nachdem du etwas gegessen hat, kann jeder nachempfinden, was du meinst. Mit einer emotionalen Geschichten stellst du nicht nur sicher, dass dein Gegenüber im Zwischenhirn präsent ist, du stellst auch sicher, dass der andere das gleiche Bild hat wie du. Und das ist nicht selbstverständlich. Der eine denkt bei Hunger vielleicht an einen Schweinebraten, während der andere von einem Schnitzel träumt. Der eine denkt bei Erfolg an ein volles Bankkonto, der andere denkt daran, abends mit einem Lächeln ins Bett zu gehen. Wenn du aber nicht weißt, woran derjenige, der dir grade gegenüber sitzt genau denkt, wie willst du es ihm dann geben? Das Zwischenhirn denkt nicht in Fakten, es denkt in Bildern. Also sollten wir ihm diese Bilder auch geben. Das allein reicht aber noch nicht.

Woher weiß ich denn, was meinem Gegenüber wichtig ist? Woher weiß ich, welche Bilder ihn bewegen und welche nicht? Davon auszugehen, es wären dieselben Bilder, die uns bewegen, wäre ein fataler Fehler. Nur weil mir eine sichere Rente wichtig ist, heißt das nicht, das auch mein Gegenüber danach strebt. Ob es uns passt oder nicht, universelle Ziele gibt es nicht. Es gibt nun mal Menschen, die suchen keine Sicherheit und Planbarkeit. Es gibt Menschen, den sind materielle Dinge egal. Und es gibt Menschen, die wollen nicht gemocht werden. Die Kunst ist es also, jedem Menschen das Warum zu geben, das *er* will, und nicht das, was *wir* wollen.

## Mit MÄRZ ins Ziel

Schmerz und Freude sind unsere beiden stärksten Emotionen. Sie entscheiden, ob wir etwas tun oder nicht und was wir tun oder eben nicht tun. Studien haben herausgefunden, was unsere wichtigsten Treiber, Motivatoren sind, die uns ins Handeln bringen; die uns etwas kaufen lassen, die uns für einen Menschen, eine Dienstleistung entscheiden lassen oder eben nicht. Es gibt genau vier starke Treiber:

1. **M**otive
2. **Ä**ngste
3. **R**isiken
4. **Z**iele

Also kurz: MÄRZ. Es ist wie eine Art psychologische Landkarte, auf der du die Menschen, mit denen du zu tun hast, emotional abholen kannst. Die Eckpfeiler und somit das Gerüst dieser Landkarte sind die beiden Emotionen Schmerz und Freude. Im Freudebereich sind unsere Motive und Ziele unsere stärksten Treiber, im Schmerzbereich sind es unsere Ängste und Risiken. Irgendwo auf dieser Karte sitzt nun das Warum eines jeden Menschen. Und damit ist deine Aufgabe klar. Egal, mit wem du es zu tun hast, wenn du den anderen überzeugen willst, dann versuche, zuallererst herauszufinden, wo sich sein Warum auf der Landkarte befindet.

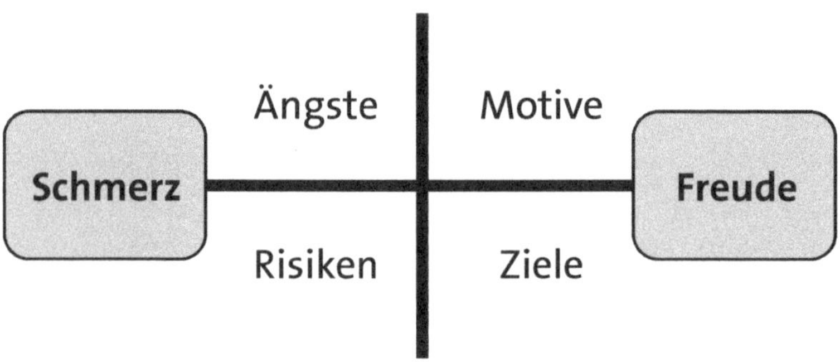

Finde durch gezieltes Fragen heraus, was die Motive, Ängste, Risiken und Ziele sind, die dein Gegenüber hat. Aber Achtung: Es geht hier noch nicht um die Motive, Ängste, Risiken und Ziele, die mit dir, deinem Produkt, deiner Dienstleistung oder deinem Anliegen zu tun haben. Es geht nicht um *dein* Warum, es geht um das Warum deines *Gegenübers*. Wenn du zum Beispiel eine Produktpräsentation halten willst, an deren Ende du eine Softwarelösung verkaufen willst, dann frage deinen Kunden nach seinen generellen Ängsten in Bezug auf sein Unternehmen und sein Business. Frage ihn nach seinen Motiven, die für/gegen einen neuen Softwarepartner ausschlaggebend sind – aber frage ihn nicht danach, ob und wann er sich für dich und dein Produkt entscheiden würde, denn das ist in diesem Moment noch zu früh. Wenn du deinen zukünftigen Chef von dir und deinen Leistungen überzeugen willst, dann frage ihn nicht, was er sich von dir wünscht, sondern frage ihn nach seiner MÄRZ-Formel bezogen auf die Stelle, die er besetzen will. Und hier noch ein Geheimtipp, den alle Top-Verkäufer anwenden: Gib dich nie mit der ersten Antwort zufrieden.

Egal, was dir dein Gegenüber auf deine MÄRZ-Fragen antwortet, frage weiter, geh in die Tiefe. Im ersten Schritt wirst du sehr wahrscheinlich eine Antwort aus dem Großhirn bekommen, er wird dir Fakten liefern, aber nicht die Emotionen, die ihn wirklich zum Handeln bewegen. Machen wir das Ganze noch greifbarer und bleiben bei dem Software-Beispiel. Wenn dir dein Kunde das Motiv liefert, dass die Prozesse reibungslos verlaufen sollen, dann hake nach. Lass dir ein Beispiel, lass dir ein Bild geben, wie genau es in seiner Welt aussieht, wenn Prozesse reibungslos laufen. Finde heraus, was es für ihn *tut*, was es bewirkt, wie es ihm damit geht. Frage dann nach, warum es für ihn so wichtig ist. Damit erklärt sich dein Gegenüber selbst, warum er dein Produkt kaufen *will*.

Frage so lange nach, bis du ein klares Bild davon hast, was genau dein Gegenüber meint. Dann achte im nächsten Schritt darauf, welcher der vier Treiber am wichtigsten für ihn ist. Sei mit deiner

Wahrnehmung ganz beim Kunden, dann wirst du mitbekommen, an welcher Stelle die Emotionen am stärksten sind. Ist es wirklich sein Motiv, dass die Prozesse reibungslos verlaufen? Ist es tatsächlich das, was ihn antreibt, etwas zu tun? Oder ist es vielleicht doch vielmehr seine Angst, nicht mehr mithalten zu können am Markt und sein Unternehmen schließen zu müssen?

Stell dir vor, jemand hat große Existenzängste. Sein Vertrieb macht einfach nicht genug Umsatz. Er ist also auf der Schmerzseite unterwegs und sein stärkster Treiber ist seine Angst. Nun komme ich um die Ecke, will ihm ein CRM-Tool (Customer-Relation-Management-Tool) verkaufen und erzähle ihm in den schillerndsten Farben, was dieses Tool alles kann, wie er es mithilfe meines Tools schaffen kann, dass seine Mitarbeiter künftig alle Kundendaten erfassen können, dass sie zu mehr Selbstmanagement angeleitet werden und somit monatliche Reports einfacher sind und vieles mehr. Das mag alles wichtig für ihn sein, aber zu dem Zeitpunkt interessiert ihn das nicht. Er will den nächsten Monat überleben. Mit hoher Wahrscheinlichkeit würde er nicht kaufen und versuchen, jemanden zu finden, der ihm beim Überleben hilft.

Was aber, wenn ich ihm stattdessen erzählen würde, dass es immer wieder der gleiche Grund ist, warum der Vertrieb nicht so funktioniert, wie er sollte und könnte. Warum immer wieder mehr als die Hälfte des Nettoumsatzes auf der Strecke bleibt. Jetzt will dein Kunde die Lösung für sein Problem, für sein Warum, wissen. Und diese Lösung ist mein CRM-Tool. Ich habe das verkauft, was das Tool für ihn tut, nicht das, was es ist.

Unser Produkt, unser Know-how oder unsere Dienstleistung sind im Endeffekt nichts anderes als ein Mittel zum Zweck. Das, was wir verkaufen, ist nichts anderes als ein Vehikel zum Warum unseres Kunden. Wenn wir es nicht schaffen, das Warum zu treffen, wenn wir also kein Problem treffen, dann gibt es auch nichts, was einer Lösung bedarf. Haben wir es geschafft, dass unser Gegenüber eine

Lösung will, dann können wir mit unserem Angebot kommen. Aber erst dann. Und dann ist es Zeit für das Wie, das das Was ergänzt.

Gehen wir das Ganze noch einmal Schritt für Schritt durch:

1. Finde das Warum Deines Gegenübers heraus. Nutze dafür die MÄRZ-Formel und stelle Fragen.

2. Baue die Brücke von deinem Angebot zum Warum des Gegenübers, indem du in ihm mit der passenden Story die Emotion weckst, die er braucht, um sich für dich zu entscheiden. Welches Gefühl wird er haben, wenn er sich nicht entscheidet? Welches Gefühl wird er haben, wenn er sich entscheidet? Was tut dein Angebot für ihn?

3. Beschreibe den Prozess, wie deine Leistung funktioniert und untermauere das Gesagte mit Fakten, damit das Großhirn die Entscheidung des Zwischenhirns bestätigen kann.

Auf einmal hast du es geschafft, aus einem Produkt oder einer Dienstleistung, die austauschbar sind, eine einzigartige Lösung zu machen, die individuell ist. Du hast das Problem, den Schmerz deines Gegenübers gelöst und damit einen Fan gewonnen, wenn du es richtig machst. Du hast nicht das Angebot verkauft, du hast dich und die Lösung verkauft. Du hast nicht den USP verkauft, sondern den UPP.

## Wirf den richtigen Köder in den Markt

Die MÄRZ-Formel hilft dir nicht nur im direkten Verkauf, sie hilft dir auch dabei, den richtigen Köder in den Markt zu werfen und damit sichtbar zu werden. Sichtbar wirst du nicht mit dem Was und dem Wie. Sichtbar wirst du nicht mit einer Homepage, in der Zahlen, Daten und Fakten einander abwechseln. Sichtbar wirst du nicht mit einer Bewerbung oder einem Social-Media-Profil, in dem sich tabellarische Lebensläufe mit erreichten Positionen und fachlichen Skills abwechseln. Das ist austauschbar und langweilt. Sichtbar wirst du mit deiner Persönlichkeit, deiner Individualität, deinem Warum.

Achte also darauf, dass sich die erste Seite deiner Homepage, deines Flyers, deiner Bewerbung mit dem Warum befasst. Gib deinem Gegenüber die Chance, dass es bei dir andocken kann. Auch hier gehst du wieder in drei Schritten vor. Dieses Mal beginnst du allerdings tatsächlich mit dem Was:

**1. Definiere dein WAS**
Was bietest du an? Was ist dein Produkt/deine Dienstleistung? Was dein Know-how?

**2. Baue die Nutzenbrücke vom WAS zum WIE …**
… also vom Produkt zum allgemeinen Produktnutzen.

**3. Vom WIE zum WARUM**
Entscheide dich in diesem Schritt für das aus deiner Sicht stärkste Wie und überlege anhand der MÄRZ-Formel, was dieses Wie für die persönlichen Bedürfnisse deines Kunden tut. Entscheide dich für dein stärkstes Warum, eines auf der Schmerz-, eines auf der Freudenseite. Damit hast du den stärksten Überzeugungsleitfaden, den es gibt an der Hand: Vom Schmerz zur Freude.

## Emotionsbrücke

Bringen wir das ganze Mal in die Praxis. Stell dir vor, du bist Führungskraft und auf der Suche nach einem passenden Vertriebstraining für deine Mannschaft. Du durchforstest das Internet und liest folgende Werbung:

> ***Verkaufstraining für Ihre Vertriebsmannschaft!***
> *Verkaufstrainerin mit über 10 Jahren Erfahrung und sehr guten Referenzen schult ihren Vertrieb individuell. Profitieren auch sie von der Expertise und lassen Sie sich überzeugen.*

Wie motiviert wärst du jetzt, diese Verkaufstrainerin zu buchen? Kannst du dir vorstellen, bei anderen Verkaufstrainern ähnliche, wenn nicht sogar gleiche Inhalte zu finden? Das wird der Fall sein, denn diese Werbung ist eine klassische Positionierung im Wie und Was. Was wäre, wenn du stattdessen diese Werbung sehen würdest:

**Normal kann jeder – Vertriebstrainings jenseits des Einheitsbreis**

Haben Sie sich auch schon darüber geärgert, dass eine Trainingsmaßnahme der nächsten folgte und sich trotzdem nichts verändert hat?

Haben Sie sich auch schon einmal gewünscht, ein Trainingstool an der Hand zu haben, das nicht im Gießkannenprinzip über jedem Teilnehmer ausgekippt wird, sondern jeden Einzelnen dort abholt, wo er wirklich steht?

Und können Sie sich vorstellen, was es für Ihren Vertrieb bedeuten würde, wenn jeder Ihrer Verkäufer seinen eigenen Werkzeugkoffer an der Hand hätte, der es schafft, das Beste aus ihm herauszuholen?

**Genau darüber sollten wir reden.**

## Macher-Box

»Warum soll ich dein Kunde/Partner werden?«
Stell dir vor, ich bin ein potenzieller Neukunde, den du akquirieren willst. Und ich stelle dir nun diese Frage. Was ist deine Antwort? Schreibe auf, was dir einfällt. Finde drei Köder, mit denen du mich überzeugst.

Die Qualität der WARUMs, die du für dein Gegenüber findest, entscheidet maßgeblich über deinen (Akquise-)Erfolg oder Misserfolg. Und ich weiß selbst, wie schwer es ist, hier die richtigen Antworten zu finden. Aber Übung macht den Meister.
Schau dir deine Antworten aus der Übung noch einmal an und prüfe sie im Hinblick auf die folgenden Fragen:

1. Betreffen meine Antworten das Großhirn oder das Zwischenhirn? Sind sie rational oder emotional?
2. Falls sie das Großhirn betreffen: Wie könnte eine mögliche Formulierung in Richtung Zwischenhirn aussehen? Achte darauf, die beiden Hauptemotionen »Schmerz« und »Freude« zu treffen.
3. Sind meine Antworten einzigartig oder hört sie mein Kunde auch von anderen?
4. Was ist mein USP? Wie könnte ein entsprechende UPP aussehen? Nähere dich der Antwort mit Fragen wie:
   1. Warum gibt es mich?
   2. Wovon bin ich zutiefst überzeugt?
   3. Was tue ich für meine Kunden?

   Nutze hierfür die MÄRZ-Formel. Was ist dein stärkstes WARUM und wie könnte ein Bild dafür aussehen?

Ich weiß, dass gerade das Finden des UPP´s zu einer der größten Herausforderungen zählt. Auf der anderen Seite: Wenn wir ihn erst einmal gefunden haben, wird vieles viel leichter. Dazu eine kurze Geschichte. Ich habe vor einiger Zeit mit meinem Mann und dem Land Kärnten die erste Start-up-Akademie des Landes ins Leben gerufen, die Startup Sales Academy Kärnten. Unser Ziel war, dass die Start-ups nicht nur gegründet werden, sondern auch erfolgreich am Markt bestehen bleiben. Du kannst dir vorstellen, dass der UPP und die Inhalte dieses Buches ein starker Baustein dieser Academy waren. Kurz vor Weihnachten traf eine E-Mail von einem teilnehmenden Start-up ein. Sie war mein vorzeitiges Weihnachtsgeschenk, daher möchte ich sie dir nicht vorenthalten. Hier ist sie.

> *Wir durften nun schon einige Monate euren Esprit miterleben. 2018 geht dem Ende zu und wir lassen das Erlebte Revue passieren. 2018 war geprägt durch große strategische Unsicherheiten. Wir sahen das Markpotenzial und hatten kein Gefühl, wie wir uns nun entwickeln sollten. Seit 2004 arbeiten wir bereits an dem Thema. Wir haben versucht, uns anzupassen – wir haben geschaut, wie es andere jetzt machen –, aber innerlich war für uns immer spürbar, nein, so passt es für uns nicht. Wir passen in kein Schema. Wir müssen unseren eigenen Weg erkennen und gehen. Die Sales Academy hat uns mit neuen gedanklichen Ansätzen zum Thema Verkauf in Berührung gebracht. In den letzten Wochen wurde mir jedoch klar, dass es sich für mich um eine Einstellung handelt. Es geht nicht darum, irgendwelche mystischen Werkzeuge kennenzulernen und anzuwenden.*
>
> *Vielmehr geht es um ein »Erkennen« und um ein »Fühlen« und darum, es in sein Wesen zu integrieren. Wir haben Deine Ideen auch in unsere Strategie einfließen lassen – haben uns intensiv damit beschäftigt, was uns ausmacht, was uns von den anderen unterscheidet (UPP), was für uns gut sein könnte etc. Und wie Du uns ja erzählt hast, folgt die Energie der Aufmerksamkeit. Als Beweis dazu kann ich berichten, dass wir in*

*den letzten 4 Wochen mehr Anfragen, vielversprechende Kundengespräche mit Großkonzernen hatten und mehr Bestellungen in der Pipeline haben als das ganze Jahr über.*

*Erwähnen möchte ich noch kurz, dass die Kundengespräche automatisch (ohne zu denken, es war einfach da) – authentisch auf der emotionalen Ebene geführt werden konnten. Einige Zahlen, Daten, Fakten können in Form von wahren Geschichten den Kunden erzählt werden. Die Stimmung zwischen uns und den potenziellen Neukunden ist einfach unbeschreiblich gut gewesen. Letzten Mittwoch war noch ein Partner aus München im Gespräch mit dabei, und er hat uns die super Chemie in dem Meeting bestätigt.*

Solche Feedbacks sind die schönsten Belohnungen für mich und natürlich auch für meinen Mann. Vielleicht motiviert auch dich dieses Feedback, dranzubleiben und deinen UPP zu suchen und zu finden.

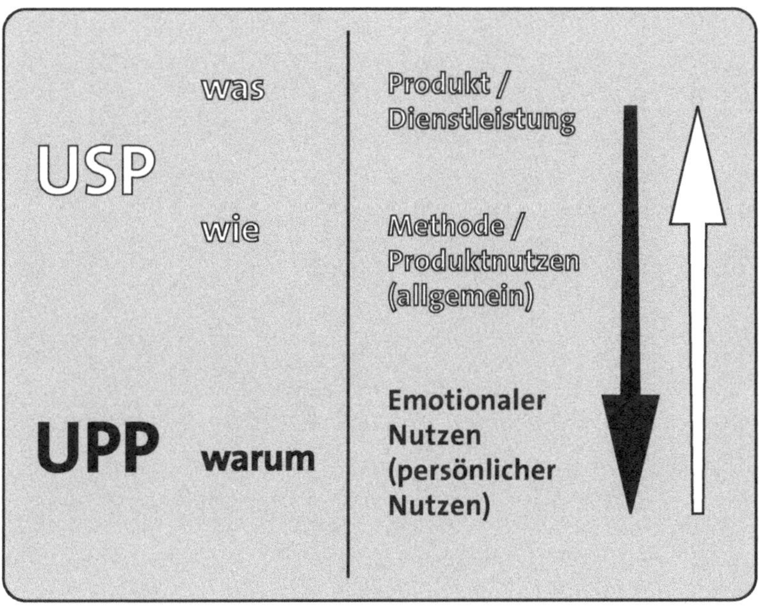

**Macher-Regel Nr. 10**

Macher suchen nicht den USP,
Macher finden ihren UPP.

Kapitel 12

# NICHT DURCHSCHNITT, SONDERN SPITZE

Der UPP ist nicht nur für den klassischen Vertriebs- und Positionierungsprozess relevant und er betrifft nicht nur Selbstständige und Unternehmer. Er betrifft jeden. Denn genauso wie sich unsere Wirtschaft immer schneller verändert, verändert sich auch der Arbeitsmarkt immer schneller. In den USA geht man davon aus, dass es in absehbarer Zeit ca. 50 Prozent Freelancer geben wird. Die beiden Oxford-Ökonomen Carl Benedikt Frey und Michael Osborne haben in ihren Studien prognostiziert, dass jeder zweite Arbeitsplatz wegfallen oder sich verändern wird. Die Lufthansa hatte schon im April 2018 verkündet, dass sie rund 3.200 Verwaltungsmitarbeiter abfinden will. Aber es ging hier nicht etwa um Personalabbau. Die Mitarbeiter sollten nicht durch Mitarbeiter mit mehr Branchen-Know-how ersetzt werden, sondern durch Mitarbeiter mit mehr Veränderungskompetenz und Digitalisierungsaffinität. Ein japanischer Versicherer hatte zur gleichen Zeit kurzerhand ein Drittel seiner Belegschaft durch Künstliche Intelligenz (KI) ersetzt, um zukunftsfähig zu bleiben. Diese Trends setzen sich bis heute fort und sie zeigen, wohin die Reise geht. Vieles wird morgen nicht mehr so sein, wie es heute ist.

## Es ist unsere Wahl

Wir haben uns selbst einen völlig neuen Wettbewerb geschaffen. Wenn wir früher noch mit unseren Kollegen um eine Beförderung gewetteifert haben, werden wir dies künftig auch mit Watson und Co tun. Corona hat seinen Anteil dazu beigetragen, all diese Entwicklungen noch zu beschleunigen.

Es geht nicht darum, ob wir das gut finden oder nicht. Wir können es nicht ändern. Die entscheidende Frage ist: Wie gehen wir damit um? Und vor allem: Wie gehen wir nicht unter? Was brauchen wir und wie können wir die Chancen, die diese Zeit bietet, nutzen? Gerade hinsichtlich Roboter und KI haben wir Berührungsängste und wissen oft nicht, was alles auf uns zukommt. Dabei ist das, was kommt, ganz einfach: Die Dinge werden sich verändern und du entscheidest, ob du als Busfahrer durch diese Veränderungen fährst oder als Passagier. Wir können mit einem Mindset 1.0 nicht in einer Zukunft 4.0 überleben und schon gar nicht leben.

Letztens sprach mich meine Kosmetikerin an: »Frau Porsch, geben Sie mir doch mal einen Tipp. Sie haben doch dieses Buch über Zukunft, den Zukunftscode, geschrieben, und meine Tochter hat gerade Abitur gemacht. Was soll sie denn studieren? Was hat Zukunft?« Ich antwortete: »Sie soll das studieren, was ihr am meisten Spaß macht und wo ihr Talent liegt.« Sie war überrascht. »Ich rede ich nicht von Spaß. Ich meine, was ist denn sicher und womit kann sie in der Zukunft Geld verdienen?«, hakte meine Kosmetikerin nach. Sie hatte das gleiche Mindset wie ich früher, sie war wie ich in dieser »Die Rente ist sicher«-Zeit großgeworden. Ich antwortete ihr: »Ich kann mich nur wiederholen. Sie soll das machen, was ihr Spaß macht und wo ihre Talente liegen. Denn das ist der beste Weg, in Zukunft Geld zu verdienen.« Ich bin überzeugt, es wird künftig mehr denn je um Freude und Talent gehen, nicht mehr um Sicherheit und das, was wir einmal gelernt haben. Den einen Job, der uns bis zur Rente trägt, gibt es nicht mehr.

Wenn ich nicht weiß, welche Berufe in zehn Jahren gefragt sein werden, welche Jobs es überhaupt geben wird, macht es doch auch keinen Sinn, darauf hinzuarbeiten. Macht es noch Sinn, Kinder zu fragen, was sie einmal werden wollen? Macht es nicht mehr Sinn, ihnen die Frage zu stellen, was sie zuerst werden wollen? Und damit sind wir beim Talent: Wenn ich es schaffe, mein Talent und meine individuellen Fähigkeiten einzubringen, wenn ich es schaffe, die oder der Beste zu werden, die/der ich sein kann, ist es egal, wie der Job heißt, entscheidend ist, dass ich in dem, wie ich etwas tue, einzigartig bin. Erst recht, wenn ich dann auch noch in der Lage bin, mich an die neuen Rahmenbedingungen und Herausforderungen anzupassen, die in Zukunft entstehen werden. Der Macher-Erfolgsschlüssel für die Zukunft lautet also: lebenslanges Lernen und Flexibilität.

Nebenbei bemerkt kann das sogar deine Lebenserwartung verlängern. In der Universität von Kalifornien hat man ein berühmtes Experiment mit Ratten gemacht, in dem man Ratten zwei unterschiedlichen Umweltsituationen aussetzte. In der ersten Umwelt waren die Ratten ständig neuen Reizen ausgesetzt, sie mussten kontinuierlich neu lernen. Diese Ratten wurden in Menschenalter neunzig Jahre alt. In der zweiten Umwelt wurden die Ratten in kahle Käfige gesetzt, in denen sie nichts Neues tun mussten. Ihre einzige Aufgabe war, zu überleben. Diese Ratten starben weitaus früher. Zudem stellte man fest, dass das Gehirn dieser Ratten geschrumpft war, während das der anderen, gewachsen ist.

Wir haben immer die Wahl. Wollen wir für den Rest unseres Lebens dahinvegetieren, unser Dasein in drögen Jobs fristen, auf die wir keine Lust haben, in Beziehungen bleiben, die uns runterziehen, und darauf warten, dass irgendwann der Deckel zugeht? Oder wollen wir das Geschenk des Lebens nutzen und das Beste aus uns und unserem Leben herausholen?

Wir haben die Wahl, ob wir das nehmen, was da ist oder ob wir das gestalten, was vor uns liegt. Erfolg ist immer eine Wahl. Und du hast das Geschenk, diese Wahl zu fällen.

Jeden Tag. Denn, egal wie alt du bist, es ist nie zu früh oder zu spät, *dein* Leben zu leben. Es gibt nur einen richtigen Zeitpunkt dafür und der er ist jetzt.

## Know-how und Erfahrungen reichen nicht mehr aus

Die guten, alten Zeiten der Sicherheit sind vorbei. Doch dafür haben wir Freiheiten und Möglichkeiten wie nie zuvor. Noch nie zuvor war es so »einfach«, seinem Leben eine andere Richtung zu geben – in einem anderen Land zu leben, einen zweiten Beruf zu ergreifen, etwas völlig Neues zu erlernen. Noch nie zuvor waren die Möglichkeiten ein neues Business zu starten, egal ob als Unternehmer/in, Solo-Selbstständige oder Start-up, so groß wie heute. Und noch nie waren die Einrittsbarrieren in den Markt so niedrig wie heute. Die Frage ist, wie können wir all das nutzen? Mit

1. unserem Know-how,
2. unserer Erfahrung,
3. unserer Persönlichkeit.

Was entscheidet über Erfolg? Ist es unser Know-how? Ist es die Erfahrung, die wir gesammelt haben? Oder ist es unsere Persönlichkeit? Die meisten würden antworten, dass Know-how und Erfahrung über unseren Erfolg entscheiden. Darauf werden wir schließlich unser Leben lang getrimmt. Egal, ob in der Schule, in der Uni, in der Ausbildung, wir lernen: Wissen ist Macht. Auf das Wissen folgt dann die Erfahrung, die sich zum Beispiel in folgender Haltung manifestiert: *Mir kann keiner was, schließlich bin ich schon seit zwanzig Jahren in dem Unternehmen.* Vielleicht kennst du Sätze wie diese von deinen Kollegen. Früher traf das durchaus zu. Der, mit dem meisten Wissen und der meisten Erfahrung bekam den Vorzug. Wenn er dann auch noch sozial tauglich und ehrgeizig war, stand einer steilen beruflichen Karriere wenig im Weg. Aber heute?

Heute ist Know-how kein knappes Gut mehr, das nicht allen zur Verfügung steht. Wir leben in der Zeit der Akademikerschwemme und selbst, wenn ich nicht studiert habe, steht mir per Knopfdruck fast alles Wissen dieser Welt zur Verfügung. Wenn ich etwas lernen oder mich weiterbilden will, dann finde ich diese Informationen online. Wissen ist heute für jeden, zu jeder Zeit und zu allen Themen verfügbar.

Macht es dann überhaupt noch Sinn, genau darauf als Top-Fähigkeit zu setzen? Sein Know-how als Speerspitze in den Markt zu werfen? Ja! Das macht Sinn. Aber nur, wenn du absoluter Experte auf diesem Gebiet bist und es dein Job ist, dieses Wissen immer auf dem aktuellsten Stand zu halten. Bist du das nicht, ist dein aktuelles Wissen von heute der alte Hut von morgen. Im Zweifel bist du dann im Wissenskampf mit Computerprogrammen aus dem Bereich der künstlichen Intelligenz wie Watson und Co. Und das wird hart. Watson ist zum Beispiel in der Lage, innerhalb von 15 Sekunden die Symptome von 1 Million Krebspatienten zu vergleichen, parallel 10 Millionen Finanzberichte zu checken und 100 Millionen Produkthandbücher zu lesen. In fünfzehn Sekunden! Wie viel davon schaffen wir in dieser Zeit? Oder denken wir an Watsons Kollege Xiaoyi, den ersten Roboter, der 2017 in China die nationale medizinische Zulassungsprüfung bestanden hat. Praktisch und theoretisch. Dafür hat er allerdings nicht dreizehn Jahre lang die Schulbank gedrückt und weitere sieben Jahre studiert. Nein, er wurde ein Jahr lang mit Wissen, Fachartikeln und Berichten gefüttert. Wie wollen wir da mithalten?

## Nicht die bessere Maschine, sondern der bessere Mensch gewinnt

Na super, dann braucht es uns bald nicht mehr, denkst du jetzt vielleicht. Aber das wäre falsch, denn wir werden gebraucht. Davon bin ich felsenfest überzeugt. Aber wir werden eben anders gebraucht als bisher.

Was unterscheidet uns von Watson und Co.? Es ist nicht primär unser Wissen, das kann man KI beibringen. Es ist auch nicht unsere Erfahrung, auch mit diesen Daten kann man KI füttern. Das, womit man KI nicht füttern kann, ist unsere Persönlichkeit. Das, was uns von KI wirklich unterscheidet, sind unsere Emotionen, es ist unsere Individualität, unsere Intuition, unsere Fähigkeit, Beziehungen aufzubauen und vor allem unsere Fähigkeit, zu träumen, zu schaffen und zu kreieren. Es ist unsere Fähigkeit, uns immer wieder neu zu erfinden. Es ist die Tatsache, dass wir Menschen sind. All das ist (noch) nicht digitalisierbar. Und nebenbei bemerkt, unterscheidet uns das nicht nur von KI, es unterscheidet uns auch von allen anderen Menschen. Unsere Persönlichkeit gibt es nur einmal. Deine Persönlichkeit ist dein kostbarster Schatz. Wir lernen bloß nirgendwo, unsere Persönlichkeit zu trainieren und zu formen.

Ich erlebe immer wieder, wie Mitarbeiter in Unternehmen fit gemacht werden sollen für die Zukunft. Es wird ohne Ende Wissen und Know-how in sie hineingepumpt. Sie sollen immer schneller immer mehr wissen, in immer kürzerer Zeit ans Ziel kommen und das am besten ohne Fehler. Wie soll das gehen?

Ich kann mich noch gut daran erinnern, als ich vor einigen Jahren von Personalchefs immer wieder die gleichen Bemerkungen gehört habe: »Für Persönlichkeitsentwicklung haben wir jetzt keine Zeit. Wir müssen uns erst einmal um die Fachschulungen kümmern.« Dann aber versuchen wir, aus Menschen die besseren Maschinen zu machen, um sie irgendwann durch genau diese Maschinen zu ersetzen.

Anstatt uns nur mit der Frage zu beschäftigen, wo wir ersetzbar und vergleichbar sind, sollten wir uns lieber mit dem befassen, was uns einzigartig macht. Auch wir brauchen unseren UPP. Anstatt zu versuchen, die besseren Maschinen zu werden, müssen wir es schaffen, die besseren Menschen zu werden. Es ist nicht mehr der fachliche USP, der zählt, es ist unser individueller UPP. Unsere Persönlichkeit ist der Schlüssel zu allem. Es ist deine Persönlichkeit, die entscheidet, ob du nach einer Niederlage wieder aufstehst oder liegenbleibst – nicht dein Wissen. Es ist deine Persönlichkeit, die entscheidet, ob du die Karriereleiter weiter nach oben gehst oder dich von deinen Konkurrenten abhängen lässt – nicht dein Wissen. Es ist deine Persönlichkeit, die entscheidet, ob du abends um sieben lieber die neuste Netflixserie schaust oder ob du dich online weiterbildest. Wir dürfen nicht der Vorstellung verfallen, unsere Persönlichkeit sei unveränderlich. Wir sind heute so, wie wir sind, und haben morgen die Chance, jemand anderes zu werden. Deine

Persönlichkeit kannst du trainieren. Macher sind nicht als Macher geboren worden, sie haben sich zum Macher *gemacht*!

Das bedeutet nicht, dass Wissen künftig keine Rolle mehr spielt. Es geht darum, dass unser Wissen zwar die Basis ist, auf der wir aufbauen und von der aus wir uns weiterentwickeln. Im nächsten Schritt geht es aber darum, was wir darüber hinaus einbringen, um sichtbar und erfolgreich zu werden. Und da reicht Know-how allein eben nicht mehr aus. Das, was wirklich den Unterschied macht, sind unsere persönlichen Fähigkeiten und Talente.

Wann hast du das letzte Mal ganz gezielt und bewusst an deiner Persönlichkeit gearbeitet? Wann hast du dich das letzte Mal bewusst nur mit dir, deinen Zielen und deinen Potenzialen befasst? Wenn du jetzt sagst, schon lange nicht mehr, dann möchte ich dir gratulieren: Glückwunsch! Du tust es jetzt, denn du liest dieses Buch. Aber wie viele Menschen machen genau das nicht? Wie viele Menschen befassen sich tagtäglich mit vielen Dingen, außer mit sich selbst?

Wenn ich meine Teilnehmer danach frage, was sie ausmacht, wenn ich sie nach ihren Stärken, Potenzialen, Talenten und Schwächen frage, dann müssen einige lange überlegen. Irgendwann kommt dann etwas wie:

*Ich bin konfliktfähig.*
*Ich bin pünktlich.*
*Ich bin zuverlässig.*
*Ich bin sorgfältig.*

Sind das die Dinge, die uns ausmachen? Willst du, dass man irgendwann an deinem Grab steht und sagt: »Max Müller war ein sorgfältiger und pünktlicher Mensch?« Wir kommen mit so vielen Gaben und Talenten auf die Welt. Unser Potenzial ist unendlich. Jeder von uns hat das Glück, mit etwa 100 Billionen Gehirnzellen geboren zu werden. Jeder von uns hat das Geschenk, 24 Stunden Zeit am Tag zu haben. Die Frage ist: Was machen wir aus all dem?

## Erfolg ist eine Holschuld

Wenn ich an meine Schulzeit denke, dann war da nicht viel mit der Suche nach individuellen Talenten. Das System funktionierte anders. Es ging nicht um Talente oder individuelle Fähigkeiten und schon gar nicht um Persönlichkeiten. Es ging um gute Noten. Ob jemand besonders charismatisch war, ein geborener Leader, ein Schauspieltalent oder ein begnadeter Rhetoriker, das wurde vielleicht zur Kenntnis genommen, mehr aber auch nicht. Es stand nicht auf dem Lehrplan. Anstatt Individualität zu fördern und zu fordern, wurde mit dem Gießkannen-Prinzip versucht, allen das gleiche Wissen zu vermitteln.

Ich möchte nicht wissen, wie viele individuelle Talente in der Schule vernichtet wurden und immer noch werden, weil sie einfach nicht in unser Weltbild oder den Lehrplan pass(t)en. Und dann nimmt das Schicksal seinen Lauf. Wir passen uns an, lernen das, was alle lernen und irgendwann ist uns gar nicht mehr bewusst, welche individuellen Talente wir besitzen. Wir wissen gar nicht mehr, was alles in uns steckt.

Untersuchungen aus den USA haben gezeigt, dass über 80 Prozent der Kinder zwischen fünf und sechs Jahren ein positives Selbstbild von sich und ihrer Fähigkeit zu lernen und sich zu entwickeln haben. Fragt man Teenager mit sechzehn Jahren, rutscht diese Quote runter auf 18 Prozent. Auf einmal glaubt nur noch jeder fünfte an sich und seine Fähigkeiten. Wir wissen einfach nicht, wie wir all unsere Möglichkeiten nutzen können, weil wir das Wichtigste verlieren: Den Glauben an uns selbst.

Doch damit nicht genug. Umso älter wir werden, umso mehr wird unser Großhirn mit Fakten gefüttert, mit Dingen, die wir dürfen, die wir nicht dürfen, unsere Vernunft wird immer ausgeprägter, während unser Zwischenhirn, unsere emotionale Intelligenz und die Schaltzentrale unseres Handelns, immer mehr auf der Strecke bleibt. Und damit nehmen wir uns all die Energie, das Glück und den Erfolg, die wir vielleicht haben könnten. Wie können wir es schaffen, dass wir den Glauben an uns wiederfinden? Dass wir all die Potenziale und Talente in uns zum Leben erwecken? Dass wir endlich das Leben leben, das wir verdienen?

Auf jeden Fall nicht, in dem wir warten und hoffen. Erfolg kommt nicht von allein, er ist eine Holschuld. Wenn ich auf den Erfolg gewartet hätte, wäre ich immer noch pleite und würde in 23 qm hausen.

*Aber wer sagt denn, dass ich es wirklich schaffe?*
*Wie kann ich denn mit meinem Talent Geld verdienen?*
*Ich habe doch nichts anderes gelernt, was soll ich denn machen?*

Fragen wie diese höre ich immer wieder. Und um es klar zu sagen: Keiner kann dir versprechen, dass du es schaffst. Es gibt keine Garantie für Erfolg. Es gibt auch keine Garantie für Misserfolg. Und: Wer sagt oder garantiert dir, dass du mit deinem jetzigen Job auf Dauer Geld verdienen kannst? Wer garantiert dir, dass du bei deinem jetzigen Unternehmen alt wirst? Niemand! Wenn du dir sowieso nicht sicher sein kannst, was passiert, macht es dann nicht mehr Sinn, sich für etwas zu entscheiden, was deinen Potenzialen entspricht und mit dem du dir deine Träume verwirklichen kannst?

Vor ein paar Jahren habe ich in Lugano vor den führenden Vertretern der Süßwarenbranche einen Vortrag gehalten. Abgesehen davon, dass für den Genuss gesorgt war, waren auch die Begegnungen sehr spannend und inspirierend. Einer meiner Vorredner war der Wiener Professor Markus Hengstschläger. Ein Genetiker, der sich sehr intensiv mit Zukunftsfragen und -themen auseinandersetzt. Er hat eine interessante und nachvollziehbare These aufgestellt, nach der die Zukunft in eine vorhersehbare und eine unvorhersehbare zu unterscheiden ist. In der jüngeren Vergangenheit waren die Dinge noch vorhersehbar. Wie wussten: Wenn wir uns so und so verhalten, dann passiert das und das; wenn wir brav zur Schule gehen, vielleicht sogar studieren und auch noch ein paar Auslandsaufenthalte absolvieren, dann bekommen wir sehr wahrscheinlich einen guten Job. Doch heute ist es anders. Denn heute gibt es neben der vorhersehbaren Zukunft noch eine unvorhersehbare Zukunft. Heute kann ich mir nicht mehr sicher sein, dass mich ein Einserabitur, ein Einserstudium und fünf Praktika wirklich an die Spitze katapultieren. Heute leben wir in der Zeit der Influencer, Disruptoren und YouTube-Stars. Und der so viel belächelte Motivationsslogan »Alles ist möglich!« gewinnt völlig neu an Bedeutung, denn heute können wir uns auch die Anleitung und den Plan besorgen, wie wirklich alles möglich werden kann.

Wir müssen umdenken. Unternehmen, Mitarbeiter, Freelancer, Abiturienten, kurz: wir alle. Markus Hengstschläger hat für diesen Prozess des Umdenkens ein schönes Bild gefunden. Er meinte, wir müssen uns unser berufliches Handlungsfeld wie das Spielfeld einer Turnhalle vorstellen. Unser Job ist es, die Bälle, die von außen, also dem Markt und dem Umfeld, auf das Spielfeld fliegen, zu fangen. Schaffen wir das, sind wir erfolgreich.

In der Vergangenheit wussten wir, woher der Ball geflogen kam. Wir wussten also auch, wie wir uns auf dem Feld aufzustellen hatten, um diesen Ball zu fangen. Wenn der Ball immer von rechts und links kam und Richtung Mitte flog, dann standen wir alle auf einem Haufen in der Mitte und waren bereit, ihn zu fangen. Wir machten unser Abi, das Studium, den Auslandsaufenthalt und waren bereit für die Zukunft.

Heute wissen wir nicht mehr, aus welcher Richtung der Ball geflogen kommt. Vielleicht kommt er von vorn und landet nicht in der Mitte, sondern rechts außen. Nur haben wir dort niemanden auf unserem Spielfeld stehen. Bis dato musste da niemand stehen.

Leider sind wir nicht flexibel genug, um schnell die Position zu wechseln, denn auch das brauchten wir bis dato nicht. Wir haben gelernt, ein und denselben Job bis zum Lebensende auszuführen. Der Ball läuft heute also ins Leere und damit unser Umsatz, unser Erfolg und unser Glück.

Wenn wir uns als Unternehmen zukünftig gut aufstellen wollen, dann müssen wir dafür sorgen, dass wir überall auf dem Feld Leute stehen haben oder dass wir Leute haben, die in der Lage sind, schnell von A nach B zu springen. Erinnerst du dich noch an das Beispiel mit der Lufthansa, die 3.200 Verwaltungsmitarbeiter austauschen will? Sie macht genau das: Sie erweitert ihren Radius auf dem Spielfeld.

Wenn es früher vielleicht keinen Bedarf gab für das, was du richtig gut kannst, für dein Talent, dann kann das morgen völlig anders aussehen. Vielleicht bist du der Einzige, der am richtigen Fleck auf dem Spielfeld steht und links außen den Ball fangen kann. Wir tragen alle keine Zukunftsbrille und wissen (zum Glück) nicht, was wirklich kommt, aber von einer Sache bin ich zu 100 Prozent überzeugt: Je durchschnittlicher ich bin, je starrer ich in meinem Handeln bin, desto austauschbarer werde ich sein. Je mehr Talente ich habe, je flexibler ich bin und je stärker meine Persönlichkeit ausgebildet ist, desto begehrter werde ich sein.

Vermutlich wird in Zukunft alles, was technisiert werden kann, nach und nach technisiert werden. Das, was nicht technisierbar ist, das sind deine Individualität und deine persönlichen Fähigkeiten.

Versteife dich also nicht mehr auf die Frage, womit du dein Geld verdienen kannst und was sicher ist, sondern gehe lieber mit dieser Frage in die Zukunft: Was kann ich verdammt gut und was macht mich glücklich? Wechsele die Perspektive von deinem USP zu deinem UPP. Schaffe es, dich zur besten und begehrtesten Marke zu machen, die du sein kannst.

Erinnere dich noch einmal an die drei Dinge, die wir in den Ring werfen können: unser Know-how, unsere Erfahrungen und unsere Persönlichkeit. Mit dem Know-how und der Persönlichkeit haben wir uns befasst. Aber was ist mit unseren Erfahrungen? Erfahrungen sind gut, wenn wir Dinge bewahren wollen. Aber sie stehen uns bei Veränderungen immer wieder im Weg. Was helfen uns unsere Erfahrungen, die wir die letzten zwanzig Jahre in unserem Job gesammelt haben, wenn es diesen Job (bald) gar nicht mehr gibt? Oder wenn er sich völlig verändert hat? Das Geheimnis für den richtigen Umgang mit Erfahrungen ist, sie dann zu nutzen, wenn sie förderlich sind und sie dann zu ignorieren bzw. neue zu machen, wenn sie dir im Weg stehen.

Gerade wenn es um deinen UPP geht, macht es Sinn, sich völlig von Erfahrungen zu lösen. Gib dir die Chance, dich neu zu betrachten und zu fragen: Was macht mich eigentlich wirklich aus? Frage dich nicht, was du die letzten Jahre gemacht und gelernt hast, sondern frage dich, was dich als Persönlichkeit auszeichnet. Wo sind deine (noch versteckten) Potenziale und Talente? Wo liegen deine Stärken und deine Schwächen? Wenn du Angestellter bist, dann löse dich von dem alten Bild des Angestellten. Jeder ist künftig der Chef über sein eigenes Unternehmen. Und dein Unternehmen sind dein Know-how, dein Talent, deine Persönlichkeit und das, was du kannst. Die Kunst wird es sein, dieses, dein Unternehmen, künftig so teuer zu verkaufen, wie du es für richtig hältst. Dein Arbeitgeber ist nicht mehr als dein gerade bester Kunde, den du jederzeit verlieren oder auswechseln kannst.

## Macher-Regel Nr. 11

**Macher überlassen nichts dem Zufall.**
**Sie werden die beste Persönlichkeit, die sie sein können.**

## Macher-Box

Finde Antworten auf folgende Fragen:

1. Wer bin ich? Was ist meine Persönlichkeit?
   Beschreibe dich so ausführlich wie möglich. Stelle dir vor, du müsstest einem Kind erklären, wer und wie du bist. Finde mindestens zehn Eigenschaften!

2. Frage einen guten Freund und einen entfernten Kollegen nach deiner Persönlichkeit.
   Lass dir ebenfalls zehn Eigenschaften nennen.

Gibt es Abweichungen zu deinen Erkenntnissen?

3. Was sind deine Stärken und was ist dein WARUM?
   Finde ebenfalls mindestens zehn Punkte!

## Macher-Box

4. Was kannst du besser als die meisten anderen?
   Finde mindestens drei Punkte!

5. Was würdest du gerne machen? Welches Talent würdest du gerne leben?

6. Wer oder was hindert dich daran, der zu sein, der du gerne sein möchtest?

7. Was möchtest du zukünftig tun, um deinen UPP, deine Talente voll zu entfalten?

**Normal kann jeder!**

**Dein UPP macht den Unterschied, nicht dein Know-how!**

Kapitel 13

# HINFALLEN, NA UND?

Stell dir vor, du bist im Supermarkt und läufst mit deinem Wagen in Richtung Kasse. Dir kommt jemand entgegen, den du nicht kennst und streckt seine Hand zur Begrüßung aus. Was machst du?

Mit hoher Wahrscheinlichkeit nimmst du die Hand und schüttelst sie. Oder du antwortest zumindest mit dem Corona-Ellenbogen-Gruß. Warum machst du das? Du kennst denjenigen nicht. Das Ganze macht keinen Sinn und du machst es trotzdem. Warum?

Du reagierst so aus einem ganz einfachen Grund: Du bist auf Autopilot gestellt. Du reagierst automatisch auf einen Reiz, und zwar so, wie du in der Regel darauf reagierst. Du agierst, ohne nachzudenken. Das ist nicht nur beim Händeschütteln der Fall. Wir denken nicht darüber nach, ob wir aufs Gas treten oder nicht, wenn die Ampel auf Grün zeigt. Wenn der Reiz bei uns ankommt, dann fahren wir los. Wir machen das, was wir gewohnt sind. Und wenn wir es gewohnt sind, vor Schwierigkeiten auszuweichen, denken wir nicht: Ist das jetzt gut? Nein, wir machen es. Wenn wir es gewohnt sind, Probleme zu verdrängen, denken wir nicht: Was, wenn sie danach noch größer werden? Nein, wir machen es. Wir glauben zwar immer, dass wir wissen, was wir tun, das stimmt aber nicht. Einen Großteil unseres Lebens sind wir auf Autopilot geschaltet. Mehr als 90 Prozent des Tages sind wir im Automatikmodus unterwegs. Wir denken nicht, wir machen. Die Frage ist, ob unser Autopilot uns auch immer da hinführt, wo er uns hinführen soll.

## Das Starbucks-Phänomen

Was denkst du, wie wird dein Autopilot gesteuert? Von deinem Verstand oder deinen Emotionen? Zuallererst immer von deinen Emotionen. Und zwar von deinen beiden stärksten Emotionen, also von Schmerz und Freude. Wie du mittlerweile weißt, ist unser Bedürfnis, Schmerz zu vermeiden, immer größer ist als das Bedürfnis, Freude zu erlangen. Das bedeutet, dein Autopilot ist so eingestellt, dass er automatisch versucht, Schmerz zu vermeiden.

Stell dir vor, du bist Single, hast Lust auf eine Tasse Kaffee und gehst zu Starbucks. Kaum bist du im Shop, denkst du: Mist, schon wieder diese blöde Warteschlange. Du bist genervt, stellst dich aber brav an und wartest. Irgendwann guckst du dich gelangweilt um und siehst ihn bzw. sie. Dein Beuteschema steht genau drei Plätze hinter dir. Was machst du jetzt? Hingehen und ansprechen? Über 90 Prozent der Menschen würden das nicht machen. Denn jetzt hat unser Autopilot das Steuer in die Hand genommen und unsere Vernunft ist an der Bar, einen trinken. Unser Schmerzvermeidungsmodus startet und mit ihm unser Kopfkino. Anstatt einfach hinzugehen und unser Glück zu versuchen, malen wir uns all das aus, was passieren könnte, wenn wir das tun würden.

> *Was soll ich denn sagen?*
> *Was, wenn mir nichts einfällt?*
> *Was, wenn ich rot werde?*
> *Was, wenn er/sie mich völlig blöd findet?*
> *Vielleicht hat er/sie schon eine Partnerin/einen Partner und die/der sucht draußen noch nach einem Parkplatz. Und dann, wenn ich gerade hingehe, kommt sie/er rein, sieht mich und ich bekomme einen Korb.*

Kennst du das, wenn dir tausend Gedanken durch den Kopf gehen? Und je länger du über etwas nachdenkst, umso wirrer wird dein Kopfkino? Und ehe du dich versiehst, wird aus einem normalen Kennenlerngespräch bei Starbucks der Gang zur Schlachtbank. Das

Schicksal nimmt seinen Lauf: Du rückst während deiner privaten Kinovorstellung immer weiter in der Warteschlange vor, bestellst endlich deinen Kaffee und denkst: *Ach, was soll's, ich lass das mit dem Ansprechen. Er/Sie ist doch sowieso vergeben, das brauche ich gar nicht erst versuchen.* Und du verlässt mit deinem Autopiloten den Shop mit einem Kaffee in der Hand anstatt mit deinem Kaffee und einer Telefonnummer und einem Date in der Tasche.

## Wer Angst hat, rennt weg

Egal, was uns unser Verstand auch sagt – wenn unsere Emotionen etwas anderes sagen, haben wir keine Chance. Vor allem, wenn unsere mächtigste Emotion im Spiel ist, die Angst.

Wenn wir Angst haben, ist unser Großhirn ausgeschaltet. Dann sitzen wir vor dem Telefon, wir wissen, dass wir zu wenig Umsatz haben, und wir wissen auch, dass wir das ändern könnten, wenn wir jetzt einfach ein paar potenzielle Kunden anrufen würden. Aber nein, unsere Angst hält uns ab. Der Schmerzvermeidungsmodus geht los, und wir malen uns all das aus, was schiefgehen könnte. Anstatt zu telefonieren, lassen wir den Hörer liegen. Und den Umsatz auch.

In 90 Prozent aller Fälle sind es nicht die Umstände oder andere Menschen, die uns von unserem Ziel abhalten – wir sind es höchstpersönlich. Ist das nicht eine geniale Nachricht? Denn wenn es die anderen wären, wenn es die Umstände wären, dann wären wir so gut wie machtlos, denn die können wir oft nicht einfach ändern. Aber uns können wir doch ändern, oder? Wer zwingt uns denn, immer den gleichen blöden Film in unserem Kopf abzuspielen, mit dem wir nicht weiterkommen? Keiner. Dann lass uns doch den Film wechseln. Werde zum Busfahrer und damit zum Regisseur deines Lebens(filmes). Das Einzige, was du dafür in den Griff bekommen musst, ist deine Angst.

## Wer wegrennt, wird gefressen

Stell dir vor, du bist im Urlaub in Südafrika, planschst im Meer, schwimmst etwas weiter raus und siehst in der Ferne einen kleinen Fleck, den du nicht richtig deuten kannst. Du schwimmst weiter, der Fleck kommt näher und dir schwant, was dieser Fleck das Letzte ist, was du in Wirklichkeit sehen willst. In immer schneller werdendem Tempo schwimmt der Hai vor dir auf dich zu.

Was machst du nun? Gehst du mutig auf die Situation zu? Oder entwirfst du einen strategischen Plan, was jetzt am sinnvollsten wäre? Oder denkst du dir: Ich sehe das jetzt einfach mal positiv, das ist bestimmt einer von den Guten. Der will doch nur spielen. All das tust du mit hoher Wahrscheinlichkeit nicht. Was machst du also? Wegschwimmen! Das ist ein super Plan. Wir sind garantiert schneller als der Hai. Wegschwimmen, und am besten noch in Panik, wäre das unsinnigste, was wir in dieser Situation tun könnten. Und doch tun wir genau das mit hoher Wahrscheinlichkeit.

Wir haben Angst und Angst bedeutet in der Regel Flucht. Was macht ein Hai, wenn sein Gegenüber in Panik verfällt und wegschwimmt? Richtig, er greift an. Selbst dann, wenn er bis jetzt noch keinen Impuls zur Attacke hatte und eigentlich satt war, spätestens jetzt hat er Hunger.

Vor drei Jahren war ich mit meinem Mann Haitauchen. Nicht, wie man das üblicherweise macht, im Käfig. Nein, ich kam auf die glorreiche Idee, das ohne Käfig zu tun. Damals war ich als »Haijägerin« im Markt etabliert und dachte an die Fotos, die wir nach diesem Shooting hätten. Ohne Käfig wären die natürlich viel cooler als mit. Als ich auf dem Boot war, habe ich die Idee mit den super Fotos bereits verflucht. Mein Kopfkino ging los. Sämtliche Szenen, die ich einst in dem bekannten amerikanischen Spielfilm *Der weiße Hai* gesehen hatte, gingen mir durch den Kopf. Ich sah es genau vor mir: Ich voller Angst im Wasser, eines dieser Viecher greift an, ich versuche weg zu paddeln, doch da schnappt es schon nach meinem Bein und ... das waren Bilder in meinem Kopf! Zum Glück hat unser Tauchguide mein Kopfkino unterbrochen, indem er uns einwies. Das machte es allerdings auch nicht viel besser.

»Ihr dürft alles da unten machen, nur keine Angst zeigen. Dann greifen sie an. Bewegt euch nicht weg, sondern stellt euch.« Das waren seine ersten Worte, und ich dachte nur: Na klar habe ich keine Angst, warum auch? Während ich mir dann ausmalte, wie ich es schaffen könnte, keine Angst zu zeigen, reichte unser Guide meinem Mann und mir einen Go-Pro-Stick. Circa 40 cm lang. Ehe ich ihn fragen konnte, was ich jetzt damit machen soll, meinte er: »Wenn sie zu dicht herankommen, dann haut ihr ihnen einfach eins auf die Nase.« Wumms, das war's. Einem Hai eins auf die Nase geben. Das wollte ich schon mein ganzes Leben lang mal machen. Aber ich hatte keine andere Wahl. Ich musste machen, was der Guide sagte. Meine Angst überwinden und gegen meinen Autopiloten agieren. Das war die einzige Chance, um da unten zu überleben. Und es hat sich gelohnt. Als wir im Wasser waren, war es so traumhaft, dass ich das Erlebte mit Worten gar nicht beschreiben kann.

Ich habe noch lange über dieses Erlebnis nachgedacht und mir ist dabei eine Sache klar geworden: Wer wegrennt, wird gefressen! Nicht nur im Wasser – auch im Leben.

Wer wegrennt im Leben, verliert!

Wenn wir Angst haben, rennen wir immer in die falsche Richtung. Wir rennen von unserem Ziel weg, von unserem Traum, unserem Partner und was auch immer. Mit Angst im Gepäck laufen wir unserem Erfolg nicht entgegen, wir laufen von ihm weg. Wir laufen unserem möglichen Traumpartner bei Starbucks nicht entgegen, wir laufen vor ihm weg.

Und nicht nur das. Wenn wir Angst haben, sehen wir den Wald vor lauter Bäumen nicht. Wir sind so damit beschäftigt, zu überleben, dass wir vergessen, nach dem Leben Ausschau zu halten. Wenn ich heute auf meine Pleite zurückblicke, dann war meine Angst, zu scheitern, der eigentliche Grund dafür, dass ich gescheitert bin. Klar, ich habe meine Provisionen nicht bekommen. Und das war hart. Aber es hätte mir vielleicht nicht das Genick gebrochen. Das Genick gebrochen hat mir, dass ich vor lauter Angst vor den möglichen Folgen der beruflichen Misere überhaupt nicht mehr handlungsfähig war. Ich habe agiert, aber völlig panisch und falsch. Anstatt mein Schicksal anzunehmen und in die Hand zu nehmen, habe ich es verdrängt. Ich habe versucht, vor meiner Pleite wegzurennen, aber vergessen, mich zu fragen, wo ich eigentlich hinrennen will. Ich habe nur die schlimmen Dinge gesehen und vorhandene Chancen habe ich gar nicht mitbekommen.

Wenn wir im Leben etwas erreichen wollen, wenn wir uns den Erfolg holen wollen, der uns zusteht, dann schaffen wir das nicht, wenn wir auf der Flucht sind. Wir schaffen es nur, wenn wir bereit sind, anzugreifen. Wir brauchen keine Angst für ein Leben als Macher, wir brauchen Mut.

Bist du mutig? Oder wärst du gern mutiger? Wenn du jetzt denkst: Ja, ich hätte gern mehr Mut, dann glaube mir: Du hast allen Mut, den du brauchst. Wir kommen nämlich alle mutig auf die Welt. Wir haben den Mut, kopfüber durch den Geburtskanal zu schrauben, ohne, dass wir wissen, was uns da draußen erwartet. Wir haben den Mut, 30.000-mal hinzufallen und immer wieder aufzustehen. Erinnerst du dich? So viele Versuche brauchen wir in etwa, bis wir laufen können. Und auch hier machen wir etwas, ohne zu wissen, ob es klappt. Wenn du also jemals dachtest, du wärst nicht mutig, vergiss es. Du hast all den Mut in dir, den du brauchst. Er ist nur irgendwo im Laufe deines Lebens von deiner Vernunft und der Angst vor Fehlern begraben worden.

In der Schule geht die Sache mit der Angst schon los. Wenn wir einen Fehler machen, werden wir mit einer schlechten Note bestraft. Wenn wir immer wieder Fehler machen, werden wir nicht nur mit einer schlechten Note bestraft, dann dürfen wir auch gleich noch eine Ehrenrunde drehen und werden zum Außenseiter oder gesellschaftlichen Loser degradiert. Dieser Glaube, nichts falsch machen zu dürfen, zieht sich dann durch unser ganzes Leben. Wir suchen bei allem, was wir machen, die hundertprozentige Sicherheit. Und diese Suche nach Sicherheit hält dich davon ab, über dich hinauswachsen.

Wir werden so sehr darauf konditioniert, was Schlimmes passieren könnte, dass wir vergessen, uns zu fragen, was wir alles erreichen können.

Lernen, Wachstum, Erfolg erleben wir nur, wenn wir auch Fehler machen. Wenn alles immer zu 100 Prozent funktioniert, wenn du immer auf Nummer sicher gehst, wirst du nie weiterkommen und schon gar nicht ankommen, wo du ankommen willst.

Wenn du im Verkauf bist und in deinen Beratungen nie das gewohnte Terrain verlässt, wirst du nie an die Spitze deines Potenzials kommen. Du wirst nie wissen, was du alles hättest erreichen können, wenn du es versucht hättest. Du wirst auf deinem Niveau bestenfalls stehenbleiben, dann von anderen überholt und irgendwann abgehangen werden.

Wenn alles funktioniert, nimmst du die dahinterliegenden Prozesse gar nicht wahr. Wenn dein Verkaufsgespräch positiv lief, betreibst du hinterher keine Ursachenforschung, warum das so wahr. Du freust dich und hakst die Nummer ab. Was aber, wenn du plötzlich eine neue Zielgruppe hast und dir ein Abschluss nach dem anderen um die Ohren fliegt? Dann fängst du an, nachzudenken: Woran liegt es? Was kann ich anders machen? Und so weiter. Mit jeder Antwort, die du findest, wächst du. Und mit jedem Mal, wenn du es geschafft hast, deine Quoten zu erhöhen, wirst du besser. So ist es in allen Bereichen des Lebens, nicht nur im Verkauf.

## Mach Fehler, denn ohne sie bleibst du stehen

Meine wichtigsten Lehrmeister in meinem Leben waren meine Niederlagen. Nicht nur all die Neins in meinen Verkaufsgesprächen, auch meine Pleiten waren ein großer Lebenslehrmeister für mich. Ohne sie wäre ich heute nicht da, wo ich jetzt bin. Sie haben mich gelehrt, dass es immer weitergeht. Dass man vor nichts im Leben Angst haben muss, außer davor, sich selbst aufzugeben.

Mit meiner Tätigkeit als Rednerin war es nicht anders. Auch hier bin ich durch die Bühnenauftritte, bei denen gar nichts funktionierte und bei denen ich am liebsten im Boden versunken wäre, am meisten gewachsen. Anfangs hatte ich wahnsinnige Angst, auf der Bühne zu versagen. Ich hatte Angst davor, dass ich beim Publikum nicht ankomme, dass ich meinen Text vergesse, einen Blackout habe usw. Und was soll ich dir sagen? All das ist passiert.

Ein Erlebnis, dass ich gleich am Anfang meiner Karriere hatte, werde ich vermutlich nie vergessen. Ich stand bei meinem ersten großen Kongress auf der Bühne, auf der ich immer stehen wollte und im Publikum saßen die Vertreter jener Redneragenturen, in deren Karteien ich aufgenommen werden wollte. Nein, ich wollte nicht nur aufgenommen werden, ich musste es. Das war mein allergrößter Traum. Ich hatte monatelang auf diesen Auftritt hingearbeitet. Ich war bestens vorbereitet. Ich hatte nächtelang geübt, jedes Wort saß. Ich wollte es perfekt machen. Aber ich habe es nicht perfekt gemacht. Ich habe versagt.

Ich fing an, brachte meine erste Pointe und keiner lachte. Nicht die kleinste Regung. Ich erzählte die nächste spannende Geschichte und erntete fragende Blicke. Das war einer der Momente in meinem Leben, in dem ich mir gewünscht habe, dass sich die Erde auftut und ich einfach würde verschwinden können. Aber die Erde tat mir diesen Gefallen nicht.

Als ich nach gefühlten 8 Stunden und realen 20 Minuten endlich von dieser Bühne abtreten durfte, habe ich mir geschworen: Nie wieder! Du gehst nie wieder auf die Bühne. Du kannst es nicht. Du bist kein Redner. Mach was anderes. Schluss.

Nach drei Tagen Heulen und Schämen siegte mein Kampfgeist. Ich fing an, alles zu analysieren und mich infrage zu stellen. Und ich erkannte meinen Hauptfehler: meinen Perfektionismus! Mein perfekt eintaxierter Vortrag hatte mich aus dem Rennen geschossen.

Menschen wollen Menschen fühlen und keine Perfektionisten sehen. Ich war so sehr damit beschäftigt gewesen, alles richtig und gut zu machen, ich war so sehr mit mir beschäftigt, dass ich das Wichtigste dabei vergessen hatte: mein Publikum. Diese Lernerfahrung war eine der wichtigsten in meinem Speakerleben. Von da an steigerte sich meine Performance um 150 Prozent.

Habe ich diese Erfahrung damals verflucht? Ja! Möchte ich sie missen? Nein. Was auch immer du erreichen möchtest: Lass dich nicht von deiner Angst davon abhalten. Hab keine Angst davor, Fehler zu machen. Hab viel mehr Angst davor, sie nicht zu machen.

Wie oft hast du eine Idee nicht weiterverfolgt, weil du Angst hattest, es könnte schiefgehen? Weil du an dir gezweifelt hast? Weil du Angst davor hattest, nicht gut genug zu sein? Zwischen dir und deinen Träumen liegt immer nur die Angst, die dich abhält. Und der Mut, der dich hinführt. Du entscheidest, welchen dieser beiden Emotionen du künftig die Macht in deinem Leben geben willst. Du entscheidest, ob dein Autopilot weiter auf »Angst vermeiden« eingestellt ist oder ob du ihn umprogrammierst, auf »Mut erlangen«. Am Anfang ist das vielleicht noch anstrengend, aber wenn Mut irgendwann zu deiner Gewohnheit geworden ist, so wie es bis heute vielleicht noch die Angst bei dir ist, dann wird es immer leichter. Dann machst du automatisch das Richtige. Dann bedeutet drohende Gefahr nicht mehr Flucht, sondern Angriff. Aber solange Mut noch keine Gewohnheit ist, musst du dich diesem Thema bewusst stellen. Das schaffst du in vier einfachen Schritten.

## Die vier Schritte von der Flucht zum Angriff

**1. Wo will ich hin?**
Wenn wir Angst haben, dann sind wir auf der Flucht. Wir rennen weg. Und damit verhindern wir, dass wir irgendwo ankommen können. Stelle dir also eine einfache Frage, wenn du merkst, dass du gerade auf der Flucht bist oder nicht da ankommst, wo du ankommen willst. Diese Frage ist für mich eine der wichtigsten Fragen überhaupt im Leben. Nämlich:

**Was würde ich tun, wenn ich keine Angst hätte?**
Was würdest du morgen anders machen, wenn du keine Angst hättest? Wenn du die Antwort auf diese Frage kennst, dann kennst du die Richtung, in die du dich bewegen musst. Nun musst du nur noch dafür sorgen, dass du auch losläufst.

Kehren wir noch einmal zurück zu unserer Starbucks-Situation. Stell dir vor, du hättest dir in der Warteschlange obige Frage gestellt: Was würde ich tun, wenn ich keine Angst hätte? Vermutlich hätte sich deine Antwort so angehört: Dann würde ich rübergehen und fragen, ob wir unseren Kaffee gemeinsam trinken wollen. Und genau das musst du jetzt natürlich auch noch tun. Und dafür sorgst du mit Schritt 2.

**2. Stelle dich deiner Angst!**
Ist dir schon einmal aufgefallen, dass wir meist vor dem Angst haben, was wir uns in unseren Gedanken, in unserem Kopfkino ausmalen – und gar nicht vor der Realität? Wenn jemand zum Beispiel Angst davor hat, sich selbstständig zu machen oder seinen Job zu kündigen, dann kann er mir tausend Dinge aufzählen, warum er diese Angst hat. Aber real passiert ist davon meist nie etwas. Bei Starbucks haben wir Angst davor, was passieren könnte, aber die meisten von uns haben noch keine Ohrfeige bekommen, weil sie jemanden angesprochen haben.

Mit diesem 2. Schritt schaltest du dein Kopfkino aus, indem du dich deiner Angst stellst und sie dir bewusst machst.

**Frage dich: Wovor habe ich eigentlich Angst?**
Bei Starbucks hättest du Angst davor, einen Korb zu kassieren. Wäre das ein Weltuntergang? In dem Moment, in dem wir uns die Dinge bewusst machen, heben wir sie von der emotionalen Ebene auf eine rationale. Jetzt können wir uns mit ihnen auseinandersetzen und uns ihnen stellen.

Darum geht es in Schritt 3.

**3. Stelle dich den Konsequenzen!**
In diesem Schritt schalten wir unseren Verdrängungsmechanismus aus. Wir neigen nämlich dazu, Konsequenzen, die unser heutiges Handeln für die Zukunft hätte, zu verdrängen, wenn dieses Handeln mit Problemen und Überwindungen im Hier und Jetzt verbunden ist. Die Zukunft könnte noch so super sein; aber wenn wir, um dort ankommen zu können, heute über unseren Schatten springen müssten, interessiert uns das, wovon wir träumen, auf einmal nicht mehr. Plötzlich verdrängen wir, dass hinter uns vielleicht der Mann oder die Frau unseres Lebens steht, den/die wir vielleicht nie mehr wiedersehen werden. Wir sehen nur, dass wir jetzt hingehen müssten, und das kostet Überwindung. Das bedeutet Schmerz im Hier und Jetzt, und das wollen wir nicht. Also flüchten wir. Um diese Flucht in einen Angriff umzuwandeln, müssen wir uns die Konsequenzen unseres Handelns bzw. Nichthandelns bewusst machen. Auch hier hilft dir wieder die richtige Frage:

**Was passiert, wenn ich weiterhin wegrenne?**
Du richtest deinen Fokus jetzt auf die Konsequenzen, die du normalerweise verdrängst. Du holst die Konsequenzen der Zukunft in die Gegenwart. Und genau diese Konsequenzen bringen dich auf einmal zum Handeln. Denn jetzt siehst du, wie du ohne Date draußen vor der Starbucks-Filiale stehst und dich vielleicht die nächs-

ten Jahre immer wieder fragen wirst: Was wäre, wenn…? Du fühlst dieses Losergefühl, es nicht geschafft zu haben, über deinen Schatten zu springen. Und dieses Gefühl bedeutet Schmerz. Und Schmerz wollen wir nicht.

**4. Vergleiche die Optionen!**

Im vierten Schritt vergleichst du jeweils die Konsequenzen von Handeln und Nichthandeln. Was ist schlimmer? Der mögliche Korb oder die Gewissheit, sich als Loser zu fühlen und sich sein ganzes Leben zu fragen: Was wäre passiert, wenn …? Und plötzlich hast du deinen Autopiloten umgedreht. Denn jetzt ist nicht mehr der Korb das, was dir Schmerzen bereitet, sondern das Losergefühl. Das, wovor du normalerweise weggelaufen bist, ist auf einmal das, wo du hinwillst. Du hast dich erfolgreich umprogrammiert – vom Schmerz zur Freude. Du bist nicht mehr im Schmerz-vermeiden-Modus, du bist im Freude-erlangen-Modus.

**Was würde ich tun, wenn ich keine Angst hätte?**

**Macher-Regel Nr. 12**

Macher haben keine Angst zu versagen, sie haben den Mut, die Dinge anzupacken.

Kapitel 14

# RAUS AUS DER DURCHSCHNITTSFALLE

Wenn du an deine Schulzeit denkst, gab es da ein Fach, in dem du nicht gut warst? In dem du vielleicht sogar richtig schlecht warst?

Bei mir waren das Erdkunde und Geschichte. Ich hatte keinerlei Zugang zu diesen Fächern und verstand auch nicht wirklich, wofür ich das in meinem späteren Leben brauchen sollte. Klar, ich konnte Nachhilfe nehmen und ohne Ende lernen. Aber was habe ich am Ende erreicht? Ich habe es mühsam geschafft, mich von einer 5 auf eine 4 hochzuarbeiten. Aber macht das heute einen Unterschied für mein Leben? Im Weltbild eines Lehrers vielleicht, aber mal außerhalb unseres Schulsystems gedacht: Ist es nicht egal, ob ich eine 4 oder eine 5 habe? Selbst wenn ich noch so viel lerne, es liegt mir einfach nicht. Wie sinnvoll ist es, dass ich all meine Energie in etwas investiere, in dem ich nie gut sein werde? In dem ich vielleicht etwas besser, aber nie über den Durchschnitt hinauskommen werde? Was ist mit den Dingen, die ich wirklich gut kann? Wäre es nicht sinnvoller, meine Energie in diese Dinge zu investieren, um von gut in Richtung »spitze« zu marschieren anstatt von mangelhaft in Richtung ausreichend? Wenn wir uns um die Dinge kümmern, die wir nicht können, verhindern wir Spitzenleistung. Durchschnitt aber braucht es heute, wie wir oben gesehen haben, nicht mehr.

»Aber Katja, wir können doch nicht alle spitze werden, oder? Wo kämen wir denn da hin, wenn jeder plötzlich seine Talente und

Träume leben würde?« Sätze wie diese höre ich immer wieder. Genauso werden wir erzogen. Lieber den Spatz in der Hand, als die Taube auf dem Dach! »Du, Katja, willst auf der internationalen Bühne stehen? Bücher schreiben? Ist das nicht ein bisschen hoch gegriffen?« Auch diesen Satz habe ich oft gehört. So lange, bis ich mich entschied, diese Sätze nur noch zu überhören.

So viele Menschen trauen sich nicht, sie selbst zu sein. Sie haben Angst, groß zu denken und an sich zu glauben. Sie haben gelernt, sich im Durchschnitt sicher zu fühlen, obwohl sie insgeheim genau an diese Spitze wollen. Und weißt du was? Sie können es schaffen. Du kannst es schaffen. Genauso wie ich es konnte. Wir sind alle einmalig so wie wir sind. Wir sind gut und genau richtig so, wie wir sind. Wir sind einzigartig und müssen uns nur trauen, unsere Individualität zu leben. Wir brauchen genauso den Mut, zu den Dingen zu stehen, die wir nicht können, wie den Mut, die Dinge nach vorne zu stellen, die wir besonders gut können.

Schauen wir noch einmal auf die Fähigkeit, zu verkaufen. Wenn jemand in der Akquise nicht gut ist und sie auch gar nicht berherrschen will, wenn er die persönlichen, natürlichen Kompetenzen dafür nicht hat, wird er nie ein erfolgreicher Verkäufer. Dafür ist er aber vielleicht ein guter Nachbereiter oder Kümmerer. Macht es nicht mehr Sinn, aus demjenigen dann den besten Nachbereiter zu machen, den wir als Unternehmen haben können, anstatt einen mittelmäßigen Überzeuger?

Und wo steht geschrieben, dass man nicht innerhalb eines Teams und/oder Unternehmens Aufgaben und Positionen wechseln kann? Wo steht geschrieben, dass man in der Position, für die man einmal eingestellt wurde, bis zu seinem Lebensende bleiben muss? Was glaubst du, ist eine typisch deutsche Konzernantwort, wenn ich einen solchen internen Austausch vorschlage? »Das können wir doch nicht einfach so machen. Das haben wir schließlich noch nie gemacht. Was, wenn es nicht funktioniert?« Hier beißt sich die Katze in den Schwanz. Meine Antwort lautet: »Ob es funktioniert, werden Sie erst dann wissen, wenn Sie es versucht haben. Und übrigens: Was ist, wenn es funktioniert?«

Wenn es Dinge gibt, die du nicht so gut kannst, dann konzentriere dich nicht darauf, das, was du nicht kannst, ein bisschen weniger schlecht zu können. Das bringt dich weder weiter noch über den Durchschnitt hinaus. Konzentriere dich stattdessen auf deine Talente. Investiere deine Energie dahinein, um dort wirklich spitze zu werden.

Falls du jetzt denkst, aber Moment mal, da ist doch noch mein Job, da kann ich doch nicht so einfach raus, dann frage ich dich: Warum nicht? Wer verbietet es dir?

Wichtig ist, dass du glücklich bist in deinem Job. Wenn ja, dann ist doch alles super. Aber wenn nicht: Wie lange willst du noch unglücklich sein? Vielleicht gibt es Positionen in deinem Unternehmen, wo du deine Stärken leben kannst. Du hast bis dato nur noch nie danach gesucht. Vielleicht gibt es andere Unternehmen, die genau so jemanden wie dich suchen. Und vielleicht gibt es Businessideen, die nur darauf warten, endlich von dir umgesetzt zu werden.

## Trau dich

Ja, aber ... Glaub mir, ich kenne diese inneren Zweifel supergut. Ich kenne diesen kleinen Affen in unserem Kopf, der uns immer wieder Dinge ins Ohr flüstert, die uns verunsichern. Und ich weiß auch, wie schwer es ist, gewohnte Gewässer zu verlassen. Aber ich kenne auch das Gefühl, wenn man endlich über seinen Schatten gesprungen ist und es gemacht hat.

Manchmal habe ich das Gefühl, wir handeln, als glaubten wir, unsterblich zu sein. Wir lassen uns so viel Zeit mit Entscheidungen, als hätten wir noch ewig Zeit vor uns. Wir verschieben unseren Traum von heute auf morgen, von morgen auf übermorgen, von übermorgen auf irgendwann. Und was, wenn aus irgendwann »nirgendwann« wird?

Die Australierin Bronnie Ware hat sich in ihrem Buch *Fünf Dinge, die Sterbende am meisten bereuen* mit dem Thema Endlichkeit und dem Sterben befasst. Als Palliativschwester hatte sie Sterbende in den letzten Wochen ihres Lebens begleitet und gefragt, was sie am meisten bereuen. Sie alle haben das Gleiche bereut: Nicht ihre Fehler oder die Dinge, die schiefgegangen sind, sondern das, was sie versäumt haben, was sie nicht versucht haben. Aber jetzt war es dafür zu spät. Denn jetzt war es nirgendwann.

Warte mit dem Umsetzen deiner Visionen nicht, bis dein *nirgendwann* kommt. Mit jedem Tag, mit dem du wartest, verringerst du die Wahrscheinlichkeit, dass du es überhaupt machst. Mit jedem Tag, an dem du nicht handelst, baust du dir in deinem Kopfkino einen Berg von Gründen und Rechtfertigungen auf, warum du jetzt noch gar nicht handeln kannst. Irgendwann ist dieser Berg so groß, dass du nicht mehr rüberkommst.

Lass es also erst gar nicht zu, dass dein Berg von Tag zu Tag wächst. Mach es einfach. Und zwar JETZT!

## Erwarte nicht, dass jemand applaudiert

Ich kann mich noch gut daran erinnern, wie das war, als ich die Uni abgebrochen und mich selbstständig gemacht habe. Alle in meinem Umfeld haben mir abgeraten. Außendienst. Immobilien. Kaltakquise. Ich glaube, eine schlimmere Kombination hätte ich für viele nicht zusammenstellen können. Sie prophezeiten mir, dass es schiefgehen und ich es ewig bereuen würde. Sie hatten Unrecht. Es gingen Dinge schief. Aber ich habe es nie bereut!

Was aber, wenn ich auf sie gehört hätte? Dann hätte ich nie eine Chance gehabt, das herauszufinden. Dann hätte ich nie mein Leben gelebt, sondern immer ihres. So leicht sich das jetzt anhören mag, so schwer war es für mich damals – denn es hat mich verunsichert. Ich hatte mir so gewünscht, dass sie mir zuraten und sagen: »Katja, genau das machst du. Du wirst es schaffen!« Haben sie aber nicht.

Heute weiß ich, dass ich zu viel von ihnen verlangt habe. Was hätte mir denn meine Mutter, die dreißig Jahre lang denselben Job hatte, für die das Angestelltendasein die Sicherheit bedeutete, die sie brauchte, und für die das Studium der Eintritt in ein erfolgreiches Leben war, anderes raten sollen, als den Weg, den sie gegangen war? Hätte sie mir zugeraten, hätte sie ihr Weltbild und vielleicht sogar ihr ganzes Leben infrage stellen müssen. Bei den anderen, mit denen ich gesprochen habe, war das nicht viel anders. Ein Großteil meiner Freunde und Bekannten ist damals diesen »geraden« Weg – Schule, Uni, Angestelltendasein, Rente – gegangen. Hätten sie mir zugeraten, meinen Weg zu gehen, hätten sie damit ihren eigenen Weg infrage stellen müssen.

Im Nachhinein habe ich dann von vielen gehört, dass sie es insgeheim bewundert haben, was ich gemacht habe, aber ihnen selbst der Mut für einen solchen Weg gefehlt hat. Ja, im Nachhinein ist man halt immer schlauer. Fatalerweise promoten wir in unserer Gesellschaft auch heute, viele Jahre später, immer noch dieses alte Modell als Erfolgsmodell: Schule, Abi, Studium, sicheres Angestelltenverhältnis und schließlich Rente. Wir suggerieren damit etwas als erstrebenswert, dass es so immer weniger geben wird. Wir schicken mit unseren Ratschlägen Menschen in ein Leben, in dem sie früher oder später scheitern müssen. Dabei wäre es so einfach. Wenn wir endlich erkennen würden, dass jeder das Recht auf sein Leben hat, dass es gerade diese Buntheit ist, die uns als Gesellschaft auszeichnet und dass es den einen, geraden Weg zum Erfolg nicht gibt, würden wir uns viel Frust und Tränen ersparen. Und unseren Kindern auch.

Was auch immer du planst, sei darauf gefasst, dass du, wenn du dich veränderst, von deinem bisherigen Umfeld nicht unbedingt Applaus erwarten kannst. Wenn du dir bewusst machst, dass sie es alle nur gut meinen und gar nicht anders können, wirst du dich leichter tun, mit dieser Ablehnung umzugehen. Und du kannst noch etwas tun. Überlege dir, wen du zu was um Rat fragst. Wie soll dir ein Arbeitsloser erzählen, wie du Millionär wirst? Oder ein Beamter, wie du erfolgreich deine eigene Firma aufbaust? Richtig, gar nicht. Sie können es nicht wissen, also fragen wir sie doch am besten nicht.

Wenn du einen Rat möchtest, dann frag nicht die, die ganz andere Wege gehen. Sondern frage die, die schon da sind. Wer soll dir besser den Weg beschreiben können als die, die ihn selbst gegangen sind?

Selbst, wenn dir alle abraten, kann ich dir nur eine Sache ans Herz legen: Vertraue immer dir und deinem Herzen, denn es ist dein Leben, dass du lebst.

Ich habe heute ein völlig anderes Umfeld als damals. Und auch das war etwas, das ich erst einmal lernen musste: Dass sich dein Freundeskreis und überhaupt der Kreis der Menschen, mit denen du dich umgibst, im Laufe eines Lebens ändern (können).

Warum umgibt man sich privat mit bestimmten Menschen? Was macht Freundschaft aus? Natürlich sind dies Dinge wie Vertrauen, Verständnis, die Zeit, die man zusammen verbracht hat, die gemeinsamen Erinnerungen usw. Aber Freundschaft macht auch aus, dass man gemeinsame Themen hat, über die man redet, dass man sich etwas zu sagen und auch eine ähnliche Weltanschauung (nicht unbedingt die gleiche) hat.

Wenn wir uns verändern, dann wandelt sich eventuell auch unsere Weltanschauung. Dann beschäftigen wir uns vielleicht mit anderen Dingen als bisher und somit verändern sich auch die Themen, über die wir reden wollen.

Stell dir vor, ein Beamter mit Leib und Seele, der zweimal jährlich einen Pauschalurlaub mit seiner Familie macht und in ein paar Jahren in den Ruhestand treten möchte, trifft plötzlich auf mich, eine Vollblutunternehmerin, die oft volles Risiko fährt, fünf- bis sieben

Mal im Jahr Urlaub macht, in Los Angeles und in Berlin lebt und die nun zu diesem Mann sagt: »Normal kann jeder!« Wenn wir uns beide bemühen, werden wir uns trotz dieser Unterschiede verstehen, aber werden wir wirklich das Bedürfnis haben, eine Freundschaft einzugehen? Uns auszutauschen?

Das letzte Mal, als ich mich von einem Teil meines Umfeldes getrennt habe, war, als ich mir nach meiner Pleite meinen Platz im Leben wieder langsam zurückerobert habe. In der Zeit meiner Pleite hatte ich bereits einen großen Teil meiner »vermeintlichen Freunde« verloren. Jene, die es toll fanden, dass ich als Unternehmerin erfolgreich war, die es toll fanden, mit mir zu feiern und das Leben zu genießen, die waren auf einmal weg. Wahre Freunde zeigen sich in der Not. Ich habe mir einen neuen Freundeskreis aufgebaut. Er bestand aus Menschen, denen es ähnlich ergangen ist wie mir. Ich habe mich unbewusst von Menschen angezogen gefühlt, die sich auch vom Leben in den Hintern getreten gefühlt haben, mit denen ich über die Ungerechtigkeit des Systems, des Schicksals und des Lebens reden konnte und darüber, wie man sich so fühlt als gescheiterte Existenz. Hat das gutgetan? Ja. Und wie! Hat es mich weitergebracht? Nein! Im Gegenteil.

Mein Glück war, dass ich schon immer eine Kämpfernatur war, die daran glaubt, dass Träume wahr werden können, wenn wir nicht aufgeben. Irgendwann merkte ich, dass ich in diesem meinem neuen Umfeld stagnierte. Ich wurde immer unzufriedener. Und ich merkte, dass meine neuen Freunde mich zwar auf der einen Seite verstanden, auf der anderen Seite hielten sie mich aber in genau diesem Sumpf fest, aus dem ich doch so gern herauswollte. Ich wollte endlich wieder frei sein. Ich wollte wieder ein Konto haben, eine Kreditkarte, eine saubere Schufa. Ich wollte endlich wieder leben. Ich entschied mich, völlig neu anzufangen und startete meine Karriere als Coach und Speaker.

Auch hier passierte wieder das, was passieren musste. Mein Umfeld riet ab. »Willst du das wirklich machen? Du bist noch nicht wieder auf den Beinen. In der Branche kennt dich keiner, du musst von vorn anfangen ...«

Doch mittlerweile war ich stärker als diese Widerstände. Ich hatte mein Ziel klar vor Augen und legte los. Mit meinen ersten Engagements und nach dem Erscheinen meines ersten Buchs wurden die anderen auf einmal ruhiger mit ihren Warnungen. Aber es wurde auch ruhiger in den Beziehungen zu ihnen. Wir hatten uns auf einmal nicht mehr viel zu sagen. Ich redete von meinen Plänen, die bekannteste Speakerin Deutschlands zu werden, und sie erwiderten, wie furchtbar das doch sei, dass man in Deutschland nie wirklich nach vorn komme und wie ungerecht das Leben doch sei. Ich, oder besser wir, haben eine Zeit lang versucht, diese Sackgassensituation zu ignorieren. Aber irgendwann ging es nicht mehr. Es raubte mir einfach zu viel Energie. Ich wollte mich nicht mehr verstellen und mir immer wieder dieselbe Leier anhören. Ich wollte auch kein schlechtes Gewissen mehr haben, wenn ich von meinen Plänen erzählte oder von meinen Urlauben. Auch wollte ich nicht mehr als Großkotz abgestempelt werden, weil ich Träume hatte und offen mit ihnen umging. Also machte ich das, was nötig und richtig war: Ich trennte mich.

Wenn Altes geht, kann Neues kommen. Und auf einmal waren da neue Menschen in meinem Leben. Menschen, die in mein Leben passten. Wir ziehen nun mal immer das an, was wir sind. Da greift die altbekannte 5-Personen-Regel, die einst von dem US-amerikanischen Unternehmer, Autor und Motivationstrainer Jim Rohn aufgestellt wurde: Du bist der Durchschnitt der fünf Menschen, mit denen du die meiste Zeit verbringst. Mit welchen fünf Menschen verbringst du momentan die meiste Zeit? Und vor allem: Sind sie da, wo du hinwillst, oder sind sie da, wovon du wegwillst?

## Everybody´s Darling

Es war aber nicht nur der Wunsch nach Bestätigung, der mir früher das Leben schwer machte, es war vor allem der Wunsch nach Anerkennung. Ich wollte immer »everybody's Darling« sein. Ich wollte die Bestätigung und die Bewunderung für das, was ich tat. Mein Handeln war darauf ausgerichtet, diese Anerkennung zu erhalten. Also scheute ich Konflikte, wo es ging, denn ich wollte partout nicht anecken. Ich dachte, wenn man mich nicht mag, dann mache ich etwas falsch. Was für ein Irrglaube!

Heute weiß ich, dass ich mich mit meinem Verhalten immer weiter von mir selbst entfernt habe und auch entfernen musste. Denn: Entweder wir sind so, wie wir sind, oder wir versuchen, es allen recht zu machen. Letzteres funktioniert auf Dauer nicht. Es macht nicht nur unglücklich, es macht auch krank.

Dein größtes Potenzial bist du selbst. Und zwar so wie du bist, nicht wie andere dich haben wollen. In dem Moment, in dem du dich verstellst, in dem du versuchst, so zu sein, wie andere es aus deiner Sicht von dir erwarten oder toll finden würden, nimmst du dir deine stärkste Kraft. Und damit dein Potenzial. Das war eines der wichtigsten Dinge, die ich irgendwann begriffen habe: Wenn wir uns verstellen, wenn wir versuchen, es anderen recht zu machen, werden wir nie »spitze« werden. Dann sind wir immer nur eine Kopie – und Kopien sind Durchschnitt.

Meinen Durchbruch als Verkäuferin hatte ich, als ich mich endlich getraut habe, ich selbst zu sein. Als ich nicht mehr versuchte, mich zu verstellen und so zu sein, wie ich dachte, als perfekte Verkäuferin sein zu müssen. Als ich mir nicht mehr überlegte, wie meine Worte und Taten bei anderen ankamen.

Da wurde mir das erste Mal bewusst: Menschen mögen Menschen, die so sind, wie sie es gern haben wollen, aber sie lieben, folgen und respektieren Menschen, die so sind, wie sie wirklich *sind*. Wirkliche Fans hast du nur, wenn du du bist. Wenn du du bist, wirst du auch Menschen begegnen, die dich nicht mögen, die dich vielleicht sogar furchtbar finden, aber dafür wirst du auch wahre Fans haben, die mit dir und für dich durchs Feuer gehen. Und das ist es, was wir wollen und was wir brauchen.

Es wird dich keiner lieben, wenn dich keiner hasst. Das mag vielleicht etwas drastisch formuliert sein, aber es stimmt. Nette Menschen gibt es viele, aber Persönlichkeiten, die ihren Weg gehen und dazu stehen, nur wenige.

In Los Angeles hatte ich ein beeindruckendes Erlebnis, das verdeutlicht, wie wichtig es ist, uns so zu nehmen, wie wir sind. Ich war dort eine Woche lang auf dem Lee Strasberg Theatre & Film Institute, einer der renommiertesten Schauspielschulen Amerikas. Nicht, weil ich Schauspielerin werden wollte, sondern weil ich etwas für meine Bühnenperformance mitnehmen wollte. Wir hatten viele spannende Kurse, aber an einen erinnere ich mich besonders gut: Method Acting mit David Lee Strasberg, dem Sohn des Schulgründers. David betrat die Bühne und meinte etwas in der Art wie: »Egal, was ihr macht, ob ihr Schauspieler seid, Speaker oder ganz normale Menschen. Ihr habt immer nur zwei Optionen: Ihr zieht an oder ihr stoßt ab. Es gibt nichts dazwischen.« Das ist verdammt einfach, aber gleichzeitig verdammt wahr. Wenn du auf jemanden triffst, dann ziehst du ihn an oder du stößt ihn ab. Und oft hast du für einen zweiten Versuch keine Chance. Was meinst du nun – wer ist erfolgreicher im Leben? Der, der es versteht anzuziehen oder der, der abstößt?

Egal, ob es um deinen Chef geht, deinen Kollegen, den Kunden, den Markt, deine Facebook-Community. Je besser du darin bist, andere Menschen anzuziehen, umso erfolgreicher wirst du sein. David sprach weiter: »Du hast nur eine einzige Möglichkeit anzuziehen: Be true. Sei authentisch. Ich hatte bis dato immer gedacht, die besten Schauspieler seien die, die am besten in eine Rolle schlüpfen können. Heute aber weiß ich, dass die besten Schauspieler, die sind, welche die Rolle sind.«

»Be true« ist für mich einer der wichtigsten Schlüssel zum Erfolg. Und gleichzeitig ist diese Aufforderung auch eine der schwersten Herausforderungen.

## Nimm die Maske ab

Bist du authentisch? Viele würden mit Ja antworten. Bist du privat anders als beruflich?

Bei dieser Frage würden viele sagen, sie müssten doch beruflich anders sein als privat. Wer bitte sagt das?

Ich habe beides probiert. Das letzte Mal, als ich mir eine Maske aufgesetzt habe, war in meiner Anfangszeit als Rednerin. Ich habe alles so gemacht, wie man es mir geraten hatte. Ich habe mich so angezogen, wie man es mir riet, ich habe so geredet, wie es mir empfohlen wurde, ich habe bestimmte Dinge nicht gemacht, weil man sie auf der Bühne angeblich nicht macht und so weiter. Kurzum: Ich war alles, aber nicht »true«. Meine Vorträge waren gut. Aber sie waren nicht herausragend. Ich bekam Applaus, aber keine Standing Ovations. Ich merkte: Irgendwie ist da immer eine unsichtbare Wand zwischen mir und meinem Publikum. Aber ich hatte keine Idee, wie ich sie einreißen könnte. Bis mein heutiger Mann zu mir sagte: »Katja, sei einfach, wie du bist und habe Spaß da oben.« Das habe ich beherzigt. Beim nächsten Auftritt kam ich nicht mehr angepasst im Kostümchen, ich kam im Jumpsuit und auf zwölf Zentimeter hohen Absätzen auf die Bühne. Warum? Weil ich so bin. Ich habe mir nicht lang und breit überlegt, was ich wie sage, ich habe das gesagt, was ich gedacht habe. Und ja, ich habe auch mal scheiße gesagt, und ja, ich bin auch mal übers Ziel hinausgeschossen. Ja, ich konnte das, weil ich so war, wie ich bin. Und mein Publikum hat es mir gedankt. Mit Standing Ovations.

In meinen Trainings und in vielen Unternehmen erlebe ich oft das Gegenteil von »Be true«: Menschen wird eine Maske aufgesetzt, ihnen gesagt, wie sie zu reden haben, wie sie den Kunden zu begrüßen haben, welches ihre Werte sein sollen. Hat jemand eine Eigenart oder einen anderen Makel, dann wird ihm dieser ausgetrieben. Alles soll schön perfekt sein. Mein Kollege Andreas Buhr, Redner, Unternehmer und Autor, hat mir als einen der ersten Tipps für die Bühne mit auf den Weg gegeben: Perfektion schafft Aggression! Und das stimmt, nicht nur auf der Bühne, sondern mit Blick auf das ganze Leben.

Oft sind wir so konditioniert, dass wir gar nicht mehr mitbekommen, dass wir eine Maske aufhaben. Wir haben so sehr gelernt, uns anzupassen, dass wir gar nicht mehr mitbekommen, wenn wir uns Eigenschaften von anderen annehmen und plötzlich die Werte unseres Partners, Chefs, unserer Freunde oder Gesellschaft leben. Wessen Leben aber lebst du gerade? Deines oder das der anderen? Das, was du wirklich willst oder das, was man von dir erwartet?

Solange wir nicht *unser* Leben leben, haben wir keine Chance, wahr zu sein. Wir werden immer mit einer Maske herumlaufen und damit eine imaginäre Wand zwischen uns und unserem Gegenüber errichten. Hab den Mut, diese Wand einzureißen. Wenn dir das gelingt, wenn es dir gelingt, deinen UPP zu leben und nach draußen zu transportieren, dann bist du nicht mehr Durchschnitt, dann bist du auf deinem Weg an die Spitze. Dann bist du auf dem Weg, zum Macher deines Lebens zu werden.

**Höre zuerst auf dein Herz, bevor du auf andere hörst!**

## Macher-Regel Nr. 13

Macher sind nie so, wie andere sie haben wollen.
Sie sind so, wie sie sind!

## Das Finale: deine Vision

Herzlichen Glückwunsch, du Macher. Du hast es geschafft. Du kennst jetzt alle 13 Macher-Regeln und hast alles, um in dein Macher-Leben zu starten!

Hast du eine Idee, was die schwerste Phase ist, wenn man etwas in Angriff nehmen möchte? Der Anfang. Die größte Herausforderung besteht darin, die Dinge, die du dir vorgenommen hast, auch wirklich umzusetzen.

Wenn du eine Vision hast, einen Traum, etwas, das du unbedingt realisieren willst, dann warte nicht, bis es immer schwerer wird, anzufangen. Macher wirst du nicht theoretisch, sondern praktisch. Fange jetzt aktiv an. Bringe deine Vision zu Papier und verpflichte dich dir selbst gegenüber, in *dein Leben* zu starten.

**Meine Vision:**

**Mein Start:**

Du möchtest deinen persönlichen Macher-Talk mit mir und meinem Team? Dann bewirb dich hier:
*https://calendly.com/katjaporsch/macher-talk-termin*

## Weitere Bücher Katja Porsch

- *Wenn dir das Leben in den Hintern tritt, tritt zurück: Wie du kriegst, was du willst*, Goldegg Verlag 2016.
- *30 Minuten Verkaufsabschluss Taschenbuch*, Gabal Verlag 2014.
- *Verkaufsprofiling: Wie Sie Ihre Kunden lesen und lenken* (Whitebooks), Gabal Verlag 2015.
- *Zukunfts-Code: Wie Digitalisierung und künstliche Intelligenz unsere Arbeitswelt verändern und wie wir darauf reagieren können*, Goldegg Verlag 2018.

Erlebe mich live!
*www.katja-porsch.com*